全能办公高手速成

Excel
人力资源管理

刘建华◎编著

吉林出版集团股份有限公司
全国百佳图书出版单位

图书在版编目（CIP）数据

全能办公高手速成 . EXCEL 人力资源管理 / 刘建华编
著 . —— 长春 : 吉林出版集团股份有限公司 , 2021.1

ISBN 978-7-5581-9599-0

Ⅰ . ①全… Ⅱ . ①刘… Ⅲ . ①表处理软件 – 应用 – 人
力资源管理 Ⅳ . ① TP317.1

中国版本图书馆 CIP 数据核字 (2020) 第 269897 号

前言

随着科技的不断进步，自动化办公已经在各个企业得到普及，各行业和岗位都出现了与之对应的专业化软件。比如，设计师用软件建模，原画师用电脑绘画，剪辑人员用专业的软件剪辑……不管用什么专业软件，每个人都会用到最基础的 Microsoft Office，所有基本的操作都绕不开它。在 Microsoft Office 中，我们最常用到的就是 Word、Excel 和 PowerPoint。

Word 的应用程度最广，但涉及多信息汇总、大量数据分析对比的时候，一定会用到 Excel。上学的时候，每个人肯定在计算机课上系统学习过 Excel，但在实际应用的时候，还是会发现有很多不知道的事。

因此，有针对性地对软件进行学习，是非常重要的。很多HR(人力资源)毕业进入职场，会发现上学时所学的东西和实际操作有很大的不同。面对基数大、信息各异的员工，以及各种数据，很多 HR 感到头疼，如每月要对员工考勤进行检查，根据考勤计算工资，隔三岔五地遇到培训，又是一堆繁杂的工作，再加上有人离职、招聘新人、新员工入职、入职后试用期管理……

这样看来，工作似乎无穷无尽。大量的数据信息总是让人压力过大，这时候，功能强大的 Excel 就发挥作用了。Excel 软件是一款非常强大的办公软件，看上去似乎有些复杂，貌似不好上手，但当我们真正理解之后，就会发现它的重要用途。

实事求是地讲，Excel 中的一些功能并不似其他办公软件那样容易理解，尤其是函数功能，看上去就让人头疼。不过，只要我们记住它的具体应用，就会欲罢不能。

本书针对 Excel 在人力资源方面的运用进行具体而详尽的讲解。就算你是个职场新人，甚至没有接触过人力资源管理都没问题。本书会从基础中的基础讲起，让职场新人先建立起 Excel 与人力资源的紧密联系，然后分不同的工作进行实际分析，按照 HR 的工作分章，从员工招聘、员工试用期管理、员工培训遇到的各种问题、考勤制度的建立到薪酬核算等几大部分来讲解。

　　本书会将工作中遇到的具体问题进行汇总讲解，尽可能让 Excel 在工作中的运用达到最大化，通过图片和文字的结合以及大量直白的讲解，让想成为 HR 的员工在最短时间内掌握 Excel 的运用，让烦冗的工作简单化。

目录

第一章 Excel 在人力资源中的基本运用

01. 正确认识人力资源 / 2
人力资源概述 / 2

HR 的职能划分 / 2

02.HR 和 Excel 的关系 / 3
信息汇总一目了然 / 3

数据准确，便于分析 / 4

提高工作效率 / 6

03.Excel 的基本操作 / 6
Excel 界面与基本功能 / 6

符合个人习惯的自定义设置 / 10

表格的打开、新建与保存 / 19

常用的基本操作 / 27

04.HR 基本操作的快捷技巧 / 43
HR 常用数据录入技巧 / 43

HR 常用数据处理方法 / 57

Excel 中图表的运用 / 86

第二章 运用 Excel，让招聘变得更简单

01. 招聘前的必备工作 / 96
用 Excel 简化招聘流程 / 96
常见招聘用的各类申请表 / 109
用各种表格完成信息管理 / 118

02. 面试常见表格制作 / 127
面试人员管理 / 127
面试成绩评定 / 138

第三章 活用 Excel，让入职管理更高效

01. 新人入职报到 / 148
制作录用通知书并发放 / 148
新员工入职手续 / 152

02. 新员工的试用期管理 / 155
制订新员工试用期考核标准 / 155
员工整体试用期考核总结 / 163
试用期后转正 / 170

第四章 善用 Excel，让培训体系有条理

01. 制订培训计划 / 172
常见培训计划表 / 172
培训费用汇总表 / 183

02. 培训数据统计 / 192

培训结果考核 / 192

培训结果统计分析 / 196

第五章 利用 Excel，轻松处理员工考勤

01. 基础考勤表 / 200

基本考勤模板 / 200

快速实现数据内容填充 / 204

设置格式提升表格清晰度 / 214

02. 出勤情况分析 / 218

月度出勤情况记录 / 218

年度出勤情况统计 / 221

各部门出勤率统计 / 225

第六章 应用 Excel，让薪酬管理最简化

01. 常见的薪酬福利表 / 238

基本工资 / 238

奖金津贴 / 250

带薪休假 / 257

02. 工资数据生成 / 259

社保公积金 / 259

工资明细表 / 261

工资条打印 / 272

01. 常用各类申请表 / 278

行程类申请单 / 278

社保申领 / 281

02. 员工职位变动办理 / 288

企业内职务变动相关报表 / 288

员工离职办理 / 290

第一章
Excel 在人力资源中的基本运用

Excel是人力资源以及行政管理最重要的工具。除了分析各种数据外,Excel还具备报表制作和图表添加等功能。玩转Excel,是HR必备的工作技能。本章着重为零基础的职场新人讲解HR的Excel入门基础知识。

01. 正确认识人力资源

人力资源概述

人力资源，广义指的是在一个国家或地区中，未到劳动年龄、正处于劳动年龄以及超过劳动年龄但都具有劳动能力的人口总和。也就是说，除了丧失劳动能力的人之外的人的总和。

但在企业中，我们所说的人力资源实际是人力资源部的简称，也就是通常所说的 HR（human resources），管理人事的部门，即人事部。

各行各业的业务内容不同，但 HR 都是企业的根本，所有企业都是由人构成的。优秀的人力资源部门能够让企业各职能效力最大化，对企业的发展发挥重要作用。

HR 的职能划分

一个完整的人力资源体系由人力资源经理、招聘专员、培训专员、绩效考核专员、薪酬专员、人事专员和劳动关系专员等组成。根据企业规模，人力资源部的划分也有所不同。对小企业来说，薪酬专员和绩效考核专员的职位可能合并，大企业在同样的岗位上会有更多的专员。

每个岗位对应不同的工作范畴，人力资源经理负责人力资源部门的管理以及整个企业人力资源发展整体规划。比如，根据企业发展，扩充或者裁减人员，进行内部晋升调动等。

合格的人力资源部的职责范围包括薪酬福利政策的制订实施、员工职业生涯计划的制订以及员工潜能和工作积极性的开发等方面。从企业的角度来说，人力资源部应该合理设计组织结构体系，协调劳动关系。

整体来说，人力资源部的工作任务分为以下三部分。

图 1 人力资源部的工作任务

按照职能进行细致划分，即本节开头所说的人力资源部经理以及各个专员。除了人力资源部经理的工作外，其他各岗位的职责范畴如图2所示。

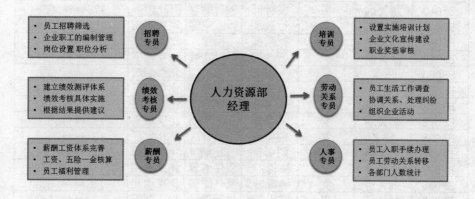

图 2　人力资源部人员配置

02.HR 和 Excel 的关系

作为企业重要的职能岗，HR 的建模工作非常重要。尤其对一些大企业来说，员工众多，各种数据以及制度模型使得工作强度变大。这些数据往往体现企业的方方面面。因此，具有强大数据分析能力的 Excel 成为 HR 工作中应用广泛的工具，和 HR 的工作密不可分。

具体来说，Excel 的优势有以下几点。

信息汇总一目了然

对企业来说，秩序和规则是非常重要的。因此，在规范化管理过程中，很多事情要有固定的章程。比如，招聘时的提问、每个应聘者的打分记录、对员工进行绩效考核打分等。对有众多员工的企业来说，表格是对员工方方面面表现的记录、汇总，各种信息一目了然。

员工档案表						
工号	姓名	性别	部门	职务	居住地	联系方式
BF001	李X	女	编辑1部	主任	北京西城	136****3211
BF027	刘X伟	男	编辑1部	策划编辑	北京通州	134****5746
BF029	陈X利	男	发行部	发行经理	北京房山	185****9677
BF040	赵X远	男	发行部	发行助理	河北燕郊	176****5538
BF045	邓X茹	女	行政部	行政主管	北京东城	156****7415
BF046	刘X寒	男	行政部	网管	北京东城	134****8964
BF049	高X丽	男	行政部	后勤主管	北京昌平	132****4577
BF050	王X	男	人事部	人事经理	北京朝阳	186****3956
BF057	刘X	男	人事部	培训专员	北京朝阳	156****1252
BF073	李X晨	女	人事部	招聘专员	北京昌平	158****5252
BF077	李X丽	女	人事部	人事专员	北京顺义	132****8511
BF085	程X	女	财务部	会计	河北大厂	137****2563
BF094	何X赛	女	财务部	出纳	北京朝阳	132****8538
BF095	陈X波	女	编辑2部	责任编辑	北京通州	156****7454
BF096	刘X诗	女	编辑2部	责任编辑	北京通州	158****9633
BF097	赵X伟	男	编辑2部	封面设计	北京朝阳	133****9653
BF098	马X东	男	编辑2部	策划编辑	北京海淀	133****5445
BF101	刘X	女	市场部	宣传策划	北京海淀	155****5232
BF115	赫X娜	女	市场部	活动策划	北京朝阳	135****3977
BF123	陈X	男	编辑3部	美术编辑	北京西城	137****7455
BF174	何X	男	编辑3部	美术编辑	北京东城	158****6322
BF221	钱X爱	女	编辑3部	责任编辑	河北燕郊	136****5693
BF234	孙X菲	女	编辑3部	排版	北京朝阳	137****5365
BF245	周X	男	编辑3部	排版	北京东城	179****5633
BF276	吴X丽	女	编辑3部	排版	北京顺义	136****5448

图 3 员工档案表

数据准确，便于分析

信息记录并不能体现 Excel 的全貌。Excel 在数据处理方面有着其他软件没有的强大功能，尤其是需要进行各种运算的时候，可以使用函数进行统计。

人力资源部门的数据处理不仅仅是针对本部门进行的，其他部门也会使用，因此，必须准确记录数据源，牵一发而动全身。一个源数据的错误，会导致后续的各种计算、分析汇总出现错误。Excel 具备数据验证、计算以及自动更正的功能，这就使得办公能够更加自动化、便捷化。

图 4 就是通过验证功能，以下拉列表的形式输入固定数据，在提升效率的同时避免数据输入错误。

	F4		fx	病假		
	A	B	C	D	E	F	G
1	工号	姓名	部门	职务	天数	事由	日期
2	BF001	李X	编辑1部	主任	1	事假	2019-5-3
3	BF027	刘X伟	编辑1部	策划编辑	3	年假	2019-5-6
4	BF040	赵X远	发行部	发行助理	0.5	病假	2019-6-6
5	BF045	邓X茹	行政部	行政主管	1	病假	2019-6-8
6	BF046	刘X寒	行政部	网管	1	迟到	2019-6-20
7	BF049	高X丽	行政部	后勤主管	3	婚假	2019-8-5
8	BF057	刘X	人事部	培训专员	0.5	年假 事假 早退	2019-8-15
9	BF073	李X晨	人事部	招聘专员	0.5	迟到	2019-8-25
10	BF085	程X	财务部	会计	2	病假	2019-10-12
11	BF094	何X赛	财务部	出纳	1	事假	2019-10-12
12	BF095	陈X波	编辑2部	责任编辑	1	事假	2019-10-23
13	BF096	刘X诗	编辑2部	责任编辑	5	婚假	2019-10-27
14	BF097	赵X伟	编辑2部	封面设计	0.5	事假	2019-11-3
15	BF098	马X东	编辑2部	策划编辑	1	年假	2019-11-10
16	BF101	刘X	市场部	宣传策划	1	年假	2019-11-15
17	BF123	陈X	编辑3部	美术编辑	1	病假	2019-11-25
18	BF174	何X	编辑3部	美术编辑	0.5	迟到	2019-12-1
19	BF221	钱X爱	编辑3部	责任编辑	0.5	迟到	2019-12-1
20	BF276	吴X丽	编辑3部	排版	1	年假	2019-12-31

图 4 数据验证

此外,对员工的一些补贴、考勤以及工龄等数据的分析,可通过函数功能直接进行简单准确的运算。这在考勤、薪酬部分会着重讲解。

除了数据的管理、运算外,Excel还能像Word和PPT一样插入图表,让数据分析更加直观。

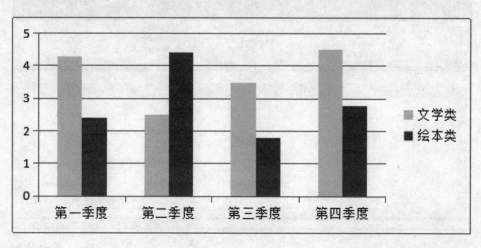

图 5 直观的数据分析

提高工作效率

人力资源部虽然负责公司的人事工作，但依然会面对各种数据分析，对于零基础或大部分文科生而言，这是非常陌生、困难的。这时候，Excel 就成了我们最可靠的工具。

无论企业的员工有多少，需要核算的数据有多少，只要我们掌握了 Excel 的基本操作，准确了解并灵活运用 Excel 中的功能，进行复杂的数据比对时，就能够通过 Excel 迅速完成。即便工作难度加大，我们也能通过效率的提升减轻工作负担。

如果你对自己未来的规划是进入人力资源管理层，那么工作量无疑是普通HR 专员的数倍，需要分析的数据更多。吃透 Excel 的操作方法，你的职业前景会是一片光明。

03.Excel 的基本操作

Excel 界面与基本功能

Excel 的界面主要由快速访问栏、标题栏、工具栏、编辑栏、状态栏和视图栏构成。

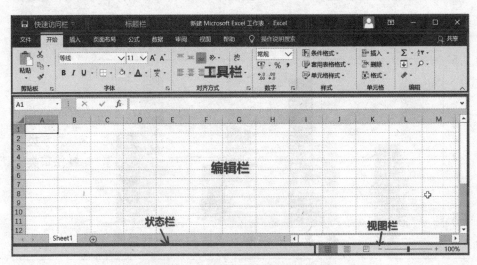

图 6　Excel 界面分区

界面左上角的快速访问栏主要有三个功能，分别是快速保存、撤销、恢复。当你的操作步骤多于一个的时候，在撤销或者恢复边上的下拉选项小三角就会被激活，此时你可以通过下拉菜单找到需要撤销或是恢复的选项。

界面最上方的标题栏显示的是文件以及程序的名称，根据设置的不同，有些程序名称后会将程序版本展示出来。最右侧主要是个人账户信息、功能区显示以及最小化、最大化和关闭按钮。

账户选项可以通过登录一个账户以及切换不同的账户来实现移动办公，由于数据储存在账户内，无须使用移动设备，更为便捷、简单。

图 7　账户界面

对于功能区的显示，我们可以对操作界面有所调整。当你希望界面简洁的时候，可以选择自动隐藏功能区，这样你的界面只剩下编辑栏，或者选择显示选项卡，那么选项卡下方的分区工具栏就会被隐藏。上述两种隐藏功能可以通过显示选项卡和命令进行恢复。

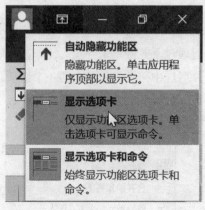

图 8　隐藏选项卡

7

　　文件选项可以说是所有菜单项的一个集合。打开文件菜单可以找到新建、打开、保存、打印以及关闭等常见的快捷功能，也可以查看 Excel 的相关信息。比如，在账户中关于 Excel 这个选项，会展示你所用表格的版本信息，或进行相关设置。

图 9　账户设置界面

　　在 Excel 中，工具栏是非常重要的分区，几乎所有的功能都在工具栏中，如"开始""插入""页面布局"这一行叫选项卡。如果单点每个选项卡，下面都会出现对应的选项分区，也就是更加具体的功能。

图 10　工具栏

　　当然，展示在页面上的只是我们常用的部分功能，还有很多隐藏功能，当我们需要用到的时候，可以通过下拉键钮来寻找。比如，开始菜单下，我们需要设置单元格的格式，"合并后居中"键钮是其中的一个选项。我们单击左键，选定的区域就会执行这一命令。如果我们需要的并非合并样式，要通过右边的下拉选项来实现。

合并后居中　▾

　　合并后居中(C)
　　跨越合并(A)
　　合并单元格(M)
　　取消单元格合并(U)

图 11　合并后居中

如果需要进行系统性设置，在每个分区的右下角还有一个下拉选项。

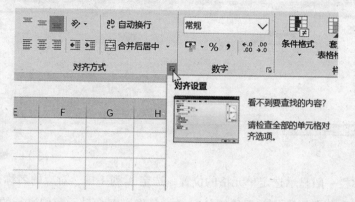

图12　对齐方式菜单

通过分区下拉选项，我们可以弹出选定选项卡下的所有功能单元格。在需要进行一次性多种操作的时候，所有功能单元格的便捷度比分区设置要高一些。

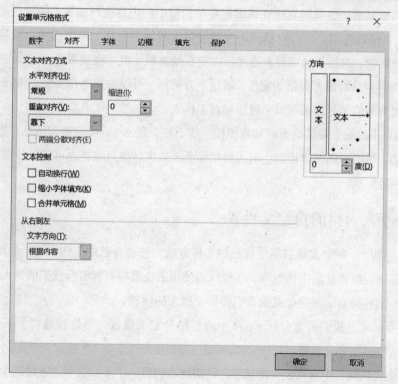

图13　设置单元格

编辑栏是制作表格的主要操作部分，可以分成以下几部分。

图 14　编辑栏分区

名称栏一般显示选定单元格的位置，选定 A 列 1 排，对应的名称是 A1。当我们对选定单元格进行数据运算的时候，名称栏则会显示我们进行的函数操作名称。

编辑栏，即我们在单元格中进行的操作。比如，我们在单元格输入的内容会在编辑栏显示，也可以直接在编辑栏对单元格中的内容进行编辑。编辑栏前端的"fx"是函数选项，可以对单元格中的数据进行函数运算，前方的两个选项则是输入和取消，这两个选项只有在光标固定在编辑栏中时才会被激活。

标签组是对操作表格的定位，通过下方选择，可以快速地在多个表格间切换。标签组右侧的加号选项可以一键添加新工作表。

Excel 的最下端是状态栏和视图栏。状态栏会展示 Excel 的基本信息，是不可操作的，视图栏则可以控制当前表格的缩小或放大，多页表格也可进行分页查看，非常便捷。

符合个人习惯的自定义设置

工作中，每个人都有属于自己的工作方法。符合自己的工作习惯，做事效率就会很高。想要提高工作效率，在软件的使用上也要尽可能符合我们的个人习惯。软件中的各种自定义功能就为我们提供了很大的便利。

接下来，我们着重介绍 Excel 中的各种自定义设置，帮你快速将 Excel 打造成个人专属的办公软件。

快速访问栏中有自定义的选项，它的最右侧有一个下拉选项，通过这个选项，我们可以把自己比较常用的功能添加到快速访问工具栏，或者删除不常用的选项。如图 15 所示，勾选后，它就会被添加到快速访问工具栏。

图 15 添加功能键

取消勾选，快速访问工具栏中的对应选项也会消失。

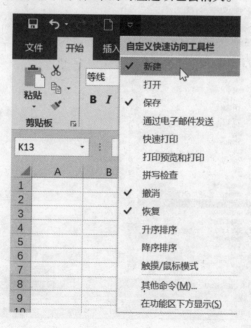

图 16 取消功能键

如下拉菜单展示的那样，快速访问工具栏中已有的选项前面会出现"√"，如果不需要，只需在已有选项再点击一下就可以了。另一种方法就是选择你不需要的功能右击，会出现带有删除选项的菜单，删除就可以了。

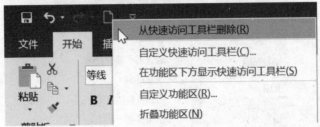

图 17　快速访问工具栏设置

在这个菜单中，你还可以自行调整快速访问工具栏的位置，选择放在工具栏的上方还是下方，以个人习惯为主。

折叠功能区的选项等同于标题栏功能显示区选项中的显示选项卡操作。

如果在下拉选项中没有自己想要添加的快捷键，我们可以通过上图选项中的自定义快速访问工具栏选择，或者选择图 16 中的其他命令选项，就会出现比较全面的功能选项。

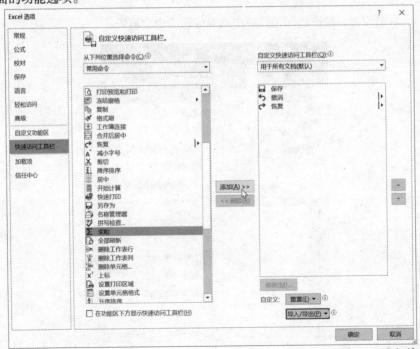

图 18　添加快捷键

选定自己需要的功能后点击添加。同样，对于已经添加不需要的选项，也可在这里删除。另外，如果你使用的 Excel 是别人已经进行过自定义设置的，通过这个界面的重置选项可以进行 Excel 的初始化，然后再进行自定义设置。

除了快速访问栏外，工具栏也可进行自定义操作。首先，我们需要在快速访问区左键单击自定义功能区选项。

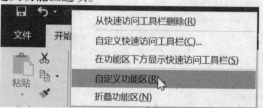

图 19　自定义功能区

或者直接在工具栏的选项卡处右键单击，同样有自定义功能区的选项。

图 20　快速自定义功能区

然后，在弹出的界面中选择新建选项卡，单击左键。

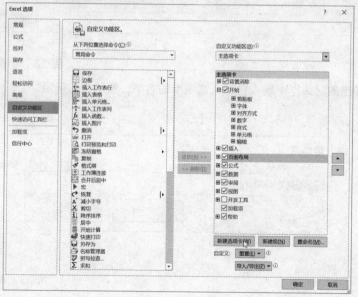

图 21　新建选项卡

13

新建完成后选择重命名。

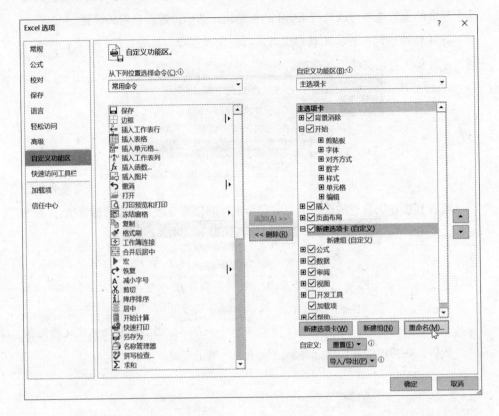

图 22　选项卡重命名

在弹出的对话框中输入自定义选项卡的名字，然后点击确定。

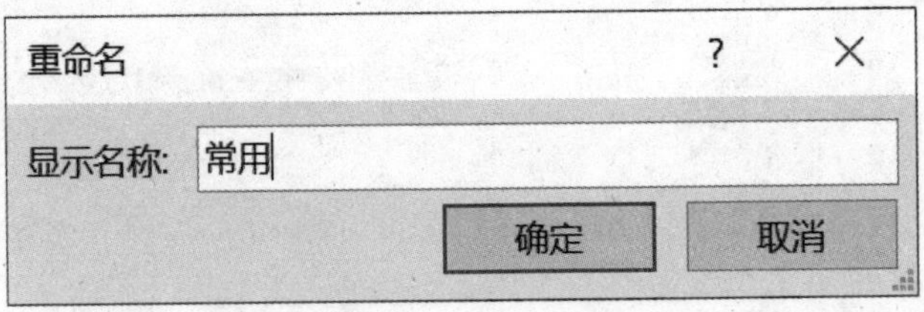

图 23　新名称输入

新建选项卡命名后，根据你需要的内容新建组，选定一组进行重命名。

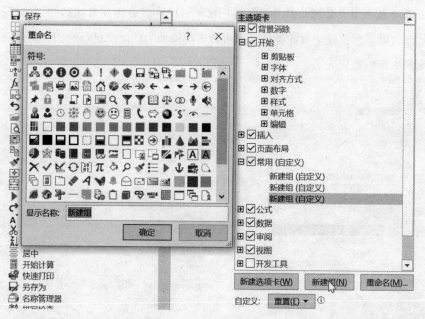

图 24 新建组

组名改完后,我们可以继续添加具体的功能内容。首先,选定要添加功能的组,然后从下列位置选择命令下拉菜单,根据要求选择。通常主选项卡的分类更加明了,便于我们快速找到需要的功能。因此,这里以此为例说明,选择主选项卡。

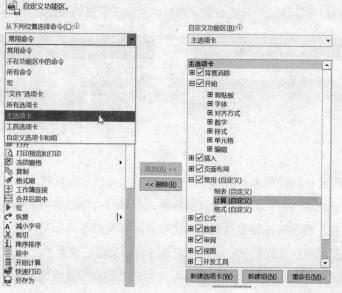

图 25 主选项卡选择

主选项卡下是各部分的分支，我们按照自己的需要找到具体功能，然后点击添加就可以了，其他组以此类推。当所有需要添加的功能都已经完成，点击确定，自定义工作栏就完成了。

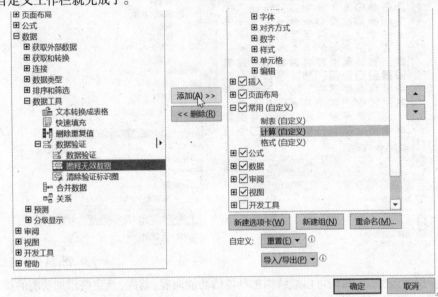

图 26　添加结束点击确定

完成之后，我们就能够在主页面看到添加的选项卡和各个组。如果有功能改变，我们可以重新访问工具栏自定义选项，删除不需要的功能。

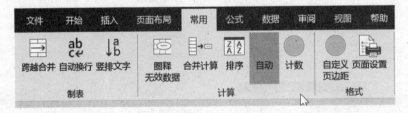

图 27　自定义工具栏

对 HR 来说，经常是一个工作簿中有好几个表格，需要找表格的时候，往往不一定能够记得很清楚。在这里，告诉你一个日后工作的技巧，那就是将表格分类设置标签，颜色往往是很直观的，比如说薪酬类的表格都是红色，绩效考核的表格都是蓝色，这样我们就可以对图表进行自定义标签设置了。

首先，需要确定好某个分类是某种颜色，之后在标签组选定需要添加标签的图表，单击右键，选择工作表标签颜色选项，然后选择一个颜色点击。

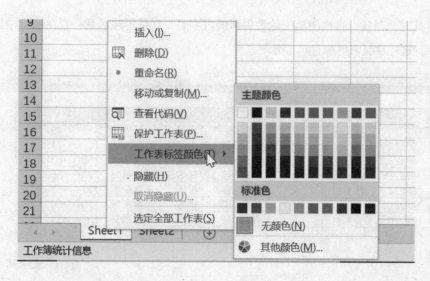

图28 添加标签颜色

图29 标签重命名

选定颜色后，就能够看到标签颜色了。当然，你也可以通过选项中的重命名功能键入表格名字，使其更加直观、具体。

在工作中，有时图表里的信息过多，在下拉的时候，我们需要保存表头，也需要自定义设置，那就是冻结表头。

首先，选定A3，然后在工具栏的视图菜单中找到冻结下拉菜单，选择冻结窗格，操作完成。

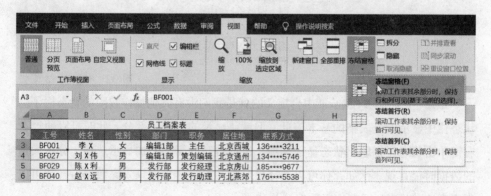

图30 冻结窗格

此时，当我们再次滑动滚轮看后面的内容时，红框标注区域一直在编辑栏最上方，这样看起来更加直观、方便。

	工号	姓名	性别	部门	职务	居住地	联系方式
1	员工档案表						
2	工号	姓名	性别	部门	职务	居住地	联系方式
21	BF115	赫X娜	女	市场部	活动策划	北京朝阳	135****3977
22	BF123	陈X	男	编辑3部	美术编辑	北京西城	137****7455
23	BF174	何X	男	编辑3部	美术编辑	北京东城	158****6322
24	BF221	钱X爱	女	编辑3部	责任编辑	河北燕郊	136****5693
25	BF234	孙X菲	女	编辑3部	排版	北京朝阳	137****5365
26	BF245	周X	男	编辑3部	排版	北京东城	179****5633
27	BF276	吴X丽	女	编辑3部	排版	北京顺义	136****5448
28							

图 31　表头固定

如果我们想冻结所有人的工号，可以选择冻结首列，只想保存表头，可以选定工号的单元格，然后重复一开始的操作，或者点击任意一单元格选择冻结首行。

取消操作的话，可以定位任意单元格，然后选择冻结窗格下的取消冻结窗格指令即可。

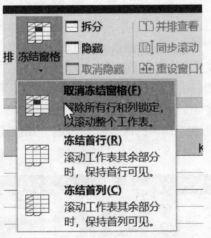

图 32　取消冻结窗格

最后，我们能够在Excel中自定义的就是我们没有其他操作权限的状态栏了。状态栏中显示的是表格的基本信息，但默认显示的只是一部分，此时可以通过在右键单击状态栏提取出状态显示选项，根据自己的需要添加显示选项，分析大量的数据时很直观。比如，你可以选择显示求和，这样当你录入完数据后，就可以很直观地在状态栏看到选定数据的总和。

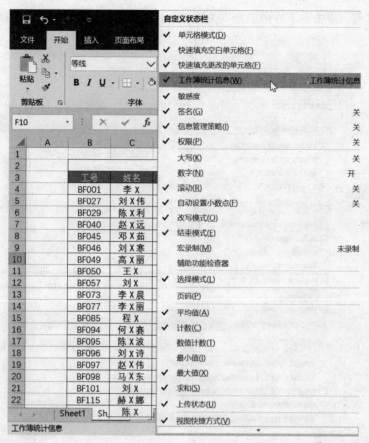

图33　状态栏设置

表格的打开、新建与保存

1. 表格的打开

打开表格很容易，可以选定文件后双击左键，或单击右键打开。这里需要说的是多个指定表格的打开方法。

HR进行Excel操作的时候，经常会遇到数据比对或者数据参考之类的事。事实上，我们归类文件的时候，通常不会把所有的表格都归纳在一个文件夹，这时候如果需要同时寻找多个表格，就要进行如下的操作。

首先，在选项卡栏单击右键选择自定义功能区，或者在文件界面通过选项键钮提取Excel选项窗口，然后选择高级选项，在常规一栏中找到"启动时打开此目录中的所有文件"选项，在后面的文本框中输入你要参考的所有表格所在的目录地址名称，点击右下方的确定。关闭 Excel 再重启后，我们就能自动打开所需的表格了。

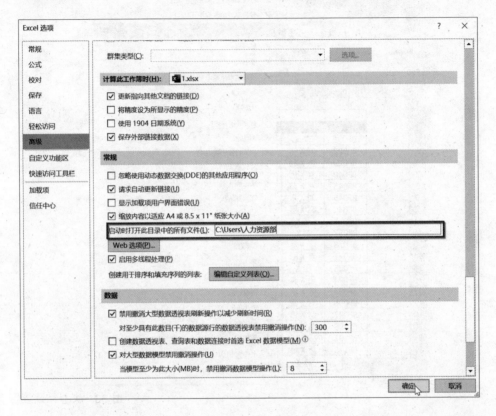

图 34　多个文档打开设置

　　第二种方法是把需要自动打开的文档放到系统默认指定位置，这样也能自动打开，位置是 C:\Program Files(x86)\Microsoft Office\root\Office16\XLSTART。当不需要这些表格的时候，将它们移除出此文件夹即可。

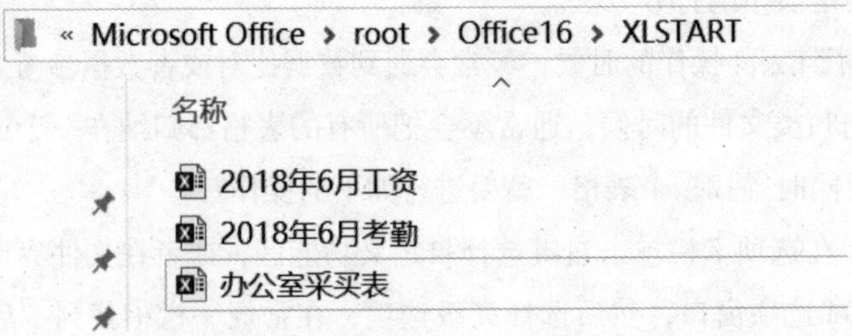

图 35　移动文档到系统默认位置

2. 表格的新建

我们都认识表格的图标，如果不看图标，扩展名为 .xlsx 的文件就是 Excel 文件。在桌面的任意位置或是文件夹窗口内，我们都可以通过单击右键选择新建 Excel 文件，或是在桌面的开始选项中（范例为 Windows 10 系统，其他系统点击开始后选择所有程序进行选择）直接选择。

图 36　新建工作簿

现有文件中，我们可以通过编辑栏标签组的"+"选项新建表格，或是通过文件选项下的新建选项来创建，但不同的是，通过文件选项新建的是独立的 Excel 文件，通过标签组新建的则和之前的表格同属一个文件。操作方法之前已经提及，这里不做赘述。

新建空白的 Excel 工作簿没有什么难度和技巧。事实上，很多人可能并不知道新建表格文件的时候，实际是可以选择有内容的表格文件的，这样可以大大节省制表时间。举例来说，如果你要做一张考勤报表，打开文件选项卡，选择新建，这样右侧除了空白工作表外，就会出现很多有内容的表格模板。

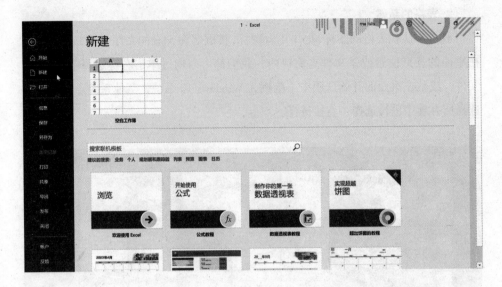

图 37　模板选择

如果在这些选项中没有我们所需要的，通过在搜索联机模板框内输入需要制表的关键词，寻求因特网上的联机模板。

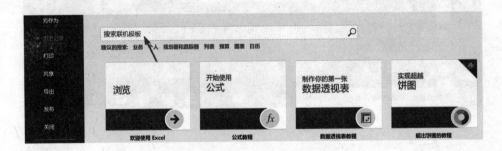

图 38　选择联机模板

比如，我们需要制作一张考勤表，输入关键词"考勤"，相关的表格模板就会出现，点击选择下载使用。

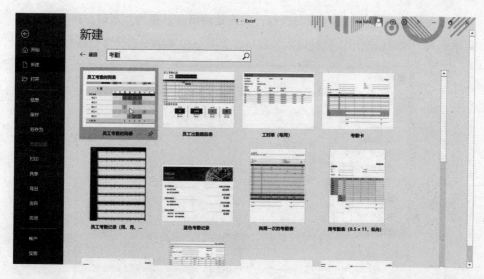

图 39　下载联网模板

3. 表格的保存

　　随时制作、随时保存是非常好的习惯，否则遇到电脑突然出现问题，我们费了半天劲制作的表格可能就付之东流了。我们可以点击快速访问栏里的保存选项，或者使用组合快捷键【Ctrl+S】进行快速保存。

　　如果你想另存一个副本，可以在开始选项卡中选择另存为，点击浏览选项，在弹出的对话框中选择要保存副本的位置以及副本的名称。更加便捷的另存为做法是，直接使用快捷键【F12】就会直接弹出另存为的对话框，根据需要保存副本。

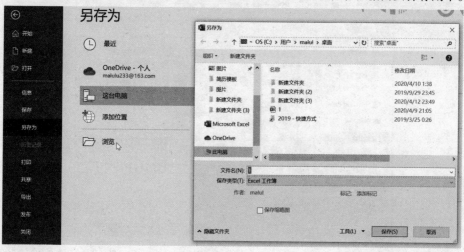

图 40　保存副本

如果你希望保存和副本同时进行，首先是调出"另存为"窗口，可以在文件菜单进入，也可以使用快捷键进入，然后在工具下拉菜单中选择常规选项。

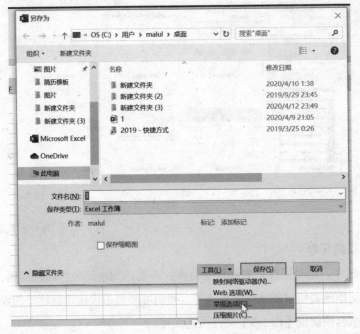

图 41　常规选项设置

在弹出的常规选项对话框中勾选生成备份文件，然后点击确定后保存就完成了。

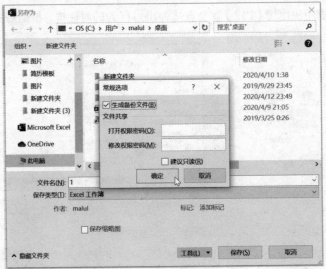

图 42　勾选备份选择

　　另外，如果你没有随手保存的习惯，可以通过设置自动保存文档来定时保存。通常 Office 软件自动默认 10 分钟保存一次，如果你觉得时间太长，可以自己把自动保存时间设定得短一些。

　　同样，打开 Excel 选项，在窗口中选择保存选项，然后通过保存自动恢复信息时间间隔选项右侧的小三角调节时间，勾选上"如果我没保存就关闭，请保留上次自动恢复的版本"，单击确定结束。

图 43　自动保存设置

　　自动保存后，我们要知道自动恢复的文件位置并不一定在你创建文件的位置，虽然通常界面意外关闭重启后会弹出自动恢复的文件提示。如果恢复错了，我们也可通过恢复位置找到。为了便捷操作，我们可以在设置自动保存界面的时候，直接在自动恢复文件位置的文本框内设置想要存放的文件位置，这样更加便于寻找。

　　除了人工保存以及电脑自动保存的文档外，没有保存的文档其实也是可以找回的。我们只需在文件选项卡中选择打开，然后点击右下角的恢复为保存的工作簿选项，就可以弹出未保存的文件窗口，选择需要的文件打开保存或者继续操作就可以了。不过，为了避免出现问题，还是养成随手保存的习惯比较好。

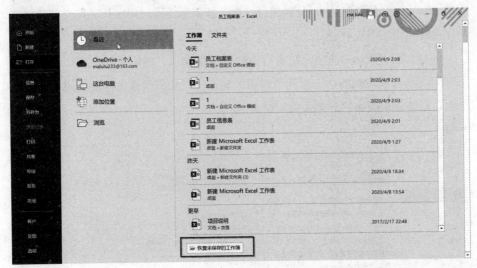

图 44　点击文档恢复

　　最后，我们要了解一下已完成的表格如何保存成模板。对于 HR 来说，再多繁杂的工作，有些表格的格式是差不多的。如果每次都重新制作很麻烦，联机的模板不如自己制作的得心应手，这时候，我们可以将自己制作的表格保存成模板。

　　首先，提取出另存为的表格，在保存类型的下拉菜单中选择 Excel 模板，然后在文件名文本框中输入我们想要保存的模板名称，再单击右下角的保存选项。

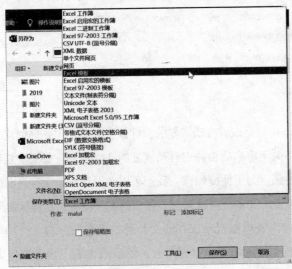

图 45　保存 Excel 模板

当你需要再次使用这个模板的时候，在文件选项卡的新建一栏就能够找到个人选项，选择之前保存的模板，就可以直接使用了。

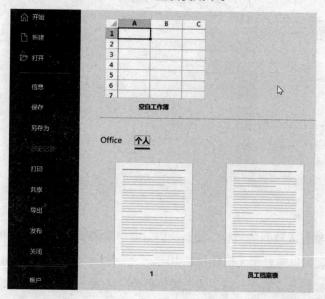

图 46　保存模板查看

常用的基本操作

1. 表格的格式设置

在非模板的新建表格中，通常是 Office 的默认格式。我们制表的时候，除了内容输入，还须对格式进行编辑。

首先，最基本的操作就是为了显示全文本而调整表格文本框的大小，快捷的操作就是将光标移到你需要调整的列与相邻列的交界处，在光标变成小十字符号的时候，通过拖动就可以实现。

图 47　拖动光标调节

行的操作也是一样。将光标移到你需要调整的行与相邻行的交界处，在光标变成一个小十字符号的时候，拖动光标进行调整。

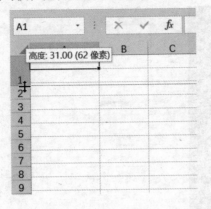

图 48　调整行高

这只是整行或整列的调整。如果我们需要单独调整一个小文本框，如制作表头的时候，就可以通过单元格合并来实现。

第一种操作是，首先，选定表头需要覆盖的区域，并拖动。

	A	B	C	D	E	F	G	H
1	员工档案表							
2	工号	姓名	性别	部门	职务	居住地	联系方式	
3	BF001	李 X	女	编辑1部	主任	北京西城	136****3211	
4	BF027	刘 X 伟	男	编辑1部	策划编辑	北京通州	134****5746	
5	BF029	陈 X 利	男	发行部	发行经理	北京房山	185****9677	

图 49　选定表头单元格

然后，在工具栏的开始选项中选择"合并后居中"选项，并点击。

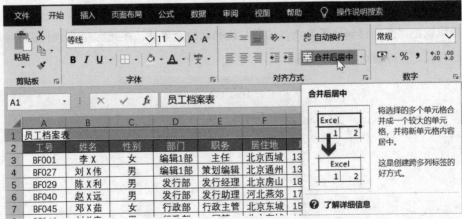

图 50　合并后居中

此时，不仅仅是我们选定区域的单元格进行了合并，文本也直接居中了。

员工档案表						
工号	姓名	性别	部门	职务	居住地	联系方式
BF001	李X	女	编辑1部	主任	北京西城	136****3211
BF027	刘X伟	男	编辑1部	策划编辑	北京通州	134****5746

图 51　表头效果

如果你仅仅需要合并单元格，可以在合并后居中边上的下拉菜单中选择跨列合并或是单元格合并，这样你的文本仍旧默认左对齐。

第二种操作是在选定的位置单击右键，从下拉菜单中选择设置单元格格式选项。

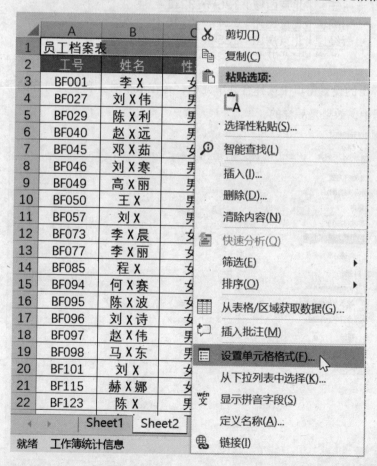

图 52　选择设置单元格格式

或是直接找到工具栏中对齐方式右下角的三角符号。

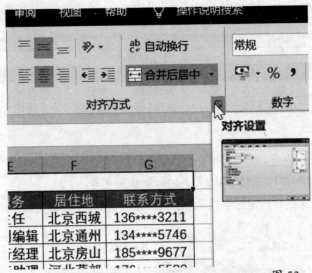

图 53　打开对齐设置

　　在弹出的设置窗口中选择合并单元格，并在水平对齐和垂直对齐的下拉菜单中选择居中，效果是一样的。

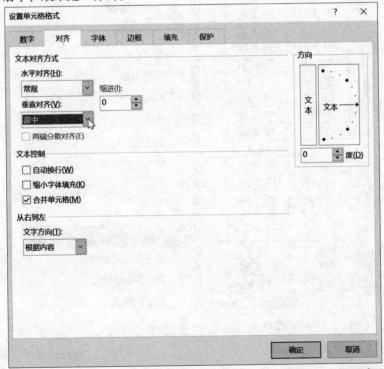

图 54　选择居中点击确定

　　想要拆分单元格，只要选定需要拆分的部分，取消之前的选择就可以了。

　　除了表格的合并与拆分外，我们只输入内容的表格，默认的边框也是可以编辑的，还包括文本框中的数据、内容、符号、字体等。对于一些内容格式混乱的表格，我们可以通过全选表格，然后设置单元格格式进行统一设置，这样比较高效。同时，可以在设置单元格格式窗口中比较直观地看到效果。

　　数字显示窗口中，我们可以对单元格的显示格式进行设定。

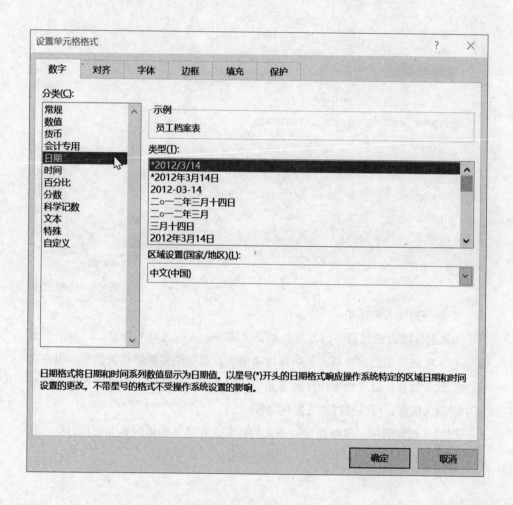

图 55　显示格式选择

　　在边框窗口，我们可以通过各种设定统一表格边框设定。

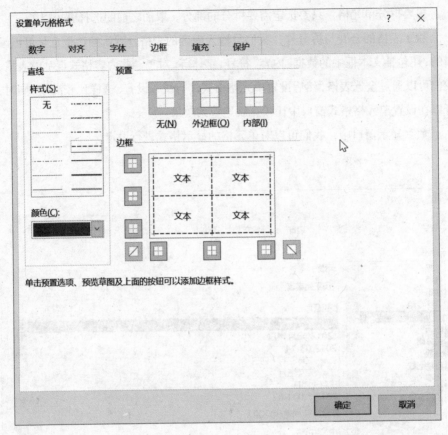

图 56　边框设置

2. 表格的插入与保护

　　HR 制作图表的过程中，尤其是对员工离职、入职这样的变动，经常需要更新表格。比如员工档案，新人入职要增加内容，离职则要删除相关信息。很多企业为了便于管理，员工档案排序经常是以部门为单位整理的，如果增加新人就要从中间插入信息，可以通过插入操作完成。

　　以员工档案为例，需要新增一个人的档案，在需要添加的地方选择行标，单击右键弹出选项菜单，点击插入，上方就会出现一个空白行。

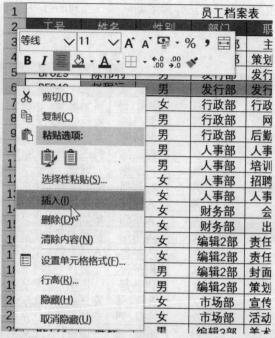

图 57　选定插入位置

如果需要增加所有人员的类别信息，如新增所有人的身份证号，就要插入一整列：选择要插入的列序，单击右键弹出对话框，点击插入即可出现空白列。

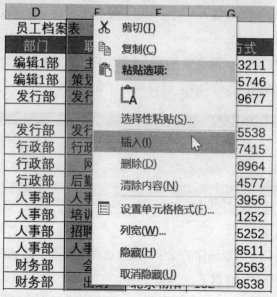

图 58　右键单击插入

至于删除，很简单，只需选择需要删除的行或列的行头、列头，单击右键，点击删除即可。

		性别	部门	职务	居住地	联系方式
BF001	李 X	女	编辑1部	主任	北京西城	136****3211
		男	编辑1部	策划编辑	北京通州	134****5746
		男	发行部	发行经理	北京房山	185****9677
		男	发行部	发行助理	河北燕郊	176****5538
		女	行政部	行政主管	北京东城	156****7415
		男	行政部	网管	北京东城	134****8964
		男	行政部	后勤主管	北京昌平	132****4577
		男	人事部	人事经理	北京朝阳	186****3956
		男	人事部	培训专员	北京朝阳	156****1252
		女	人事部	招聘专员	北京昌平	158****5252
		女	人事部	人事专员	北京顺义	132****8511
		女	财务部	会计	河北大厂	137****2563
		女	财务部	出纳	北京朝阳	132****8538
		女	编辑2部	责任编辑	北京通州	156****7454
		女	编辑2部	责任编辑	北京通州	158****9633
		男	编辑2部	封面设计	北京朝阳	133****9653

右键菜单：
- 剪切(T)
- 复制(C)
- 粘贴选项：
- 选择性粘贴(S)...
- 插入(I)
- 删除(D)
- 清除内容(N)
- 设置单元格格式(F)...
- 行高(R)...
- 隐藏(H)
- 取消隐藏(U)

图 59　右键单击选择删除

如果你需要同时插入几列或者几行，可以在行序或者列序栏直接选定要插入的行数、列数。比如你要插入三列，可以直接选择三列，然后右击，在弹出的选项菜单中选择插入即可。

另一种方式是选中你需要插入的行或列中的任意文本框，然后在工具栏的单元格选项中选择插入的下拉菜单，选择插入行或列即可。

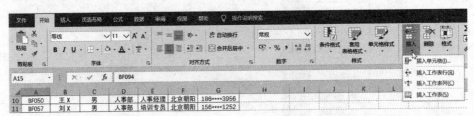

图 60　点击插入下拉菜单

需要删除的话，采取同样的操作方式：选择单元格一栏中的删除下拉菜单，选择需要删除行或列就可以了。

除了整行或是整列的插入、删除外，也可以单独插入或删除单元格。首先，选定需要插入的单元格位置,然后单击右键,这时会弹出选项菜单,然后点击插入。

图 61　点击插入

可以看到弹出一个新的对话框窗口。如果需要在上方插入,就选择活动单元格下移;如果需要在左侧插入,就选择活动单元格右移,点击左下角的确定,这样就插入了一个空白的单元格。

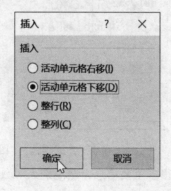

图 62　选择插入位置

如果你需要删除一个单元格,首先选择要删除的单元格,单击右键弹出选项菜单,选择删除。

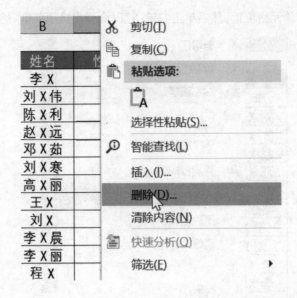

图 63　删除单元格

　　然后，在弹出的对话框窗口选择右侧单元格左移或是下方单元格上移，根据要调整的位置选择即可，点击确定，不需要的单元格连内容和位置一起删除。

图 64　对话框内删除单元格

　　HR 的电脑中往往有很多重要信息，避免别人对数据进行更改，我们可以通过 Excel 的隐藏功能来实现。

　　拿员工档案来说，如果我们想要隐藏一个人的信息，就需要隐藏一整行；如果需要隐藏所有人的电话号，就要隐藏一整列。首先，选择要隐藏的行或列，然后单击右键，在弹出的菜单选项中选择隐藏点击，操作就完成了。

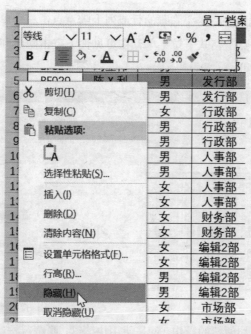

图 65　隐藏行或列

如果我们想要恢复隐藏的功能，就需要选定隐藏相邻的两个行或列，然后单击右键，在弹出的菜单选项中点击取消隐藏，隐藏的数据就会恢复。

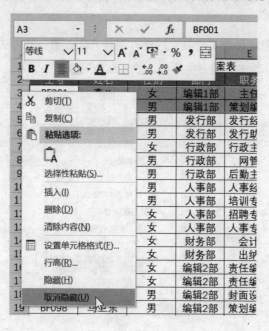

图 66　取消隐藏

另一种方法就是，在需要隐藏的行或列上随意点击一个单元格，然后在工具栏的单元格选项中点击格式下拉菜单，在可见性下点击隐藏和取消隐藏，再选择需要隐藏的信息即可。

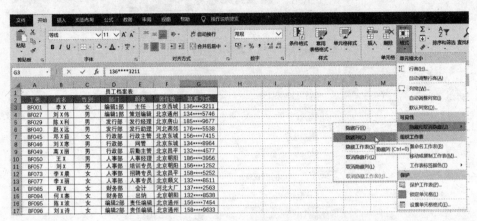

图 67　格式菜单中选择隐藏

当然，还有更加便捷的操作，就是使用快捷键。隐藏行按组合快捷键【Ctrl+9】（非小键盘），取消隐藏行按组合快捷键【Ctrl+Shift+9】（非小键盘）；隐藏列的组合快捷键是【Ctrl+0】（非小键盘），取消隐藏列是组合快捷键【Ctrl+Shift+0】（非小键盘）。

如果你需要隐藏整个工作表，同样有两种方法：第一种方法是，在标签栏选择要隐藏的表格，单击右键召唤菜单，然后点击隐藏。

图 68　单击右键标签栏

第二种方法是，在工具栏的单元格组中点击格式菜单，在隐藏和取消隐藏的
菜单中点击隐藏工作表，这样表格就可以隐藏了。

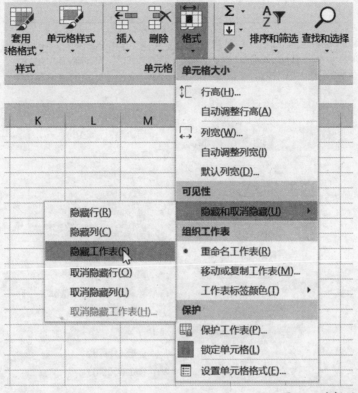

图 69 选择隐藏工作表

恢复隐藏也有两种方式，第一种是在标签组随意选择一个表格标签，然后单
击右键，选择取消隐藏。

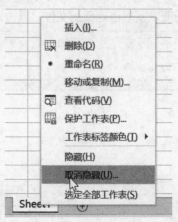

图 70 取消工作表隐藏命令

39

第二种是在工具栏的格式选项中选择隐藏和取消隐藏，在下拉菜单中点击取消隐藏工作表。

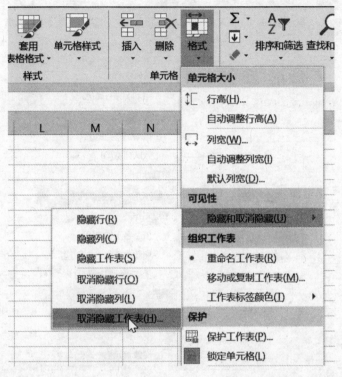

图 71　格式菜单中取消隐藏命令

两种方法都会弹出相同的对话框窗口。如果有多个隐藏文件，都会体现在这个窗口中，你只需选择想要恢复取消隐藏的文件，点击确定文件就会恢复展示。

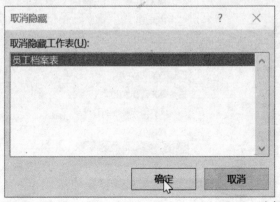

图 72　选择取消隐藏工作表

除了隐藏功能外，也可通过对表格进行保护，防止别人操作更改。具体方法也很简单，在需要保护的页面上操作。首先，在工具栏的审阅界面找到并点击保护工作表的选项。

图 73　保护工作表

点击之后，弹出保护工作表的对话框，首先勾选出不需要保护的操作，默认的话，只有前两项是可操作的，然后设置密码，点击确定。

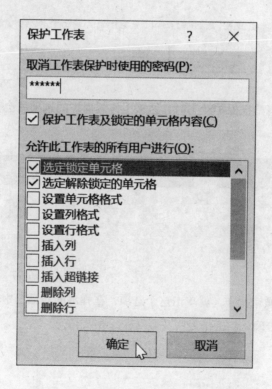

图 74　密码设置

在弹出的第二个对话框中重复密码确认就能达到目的。

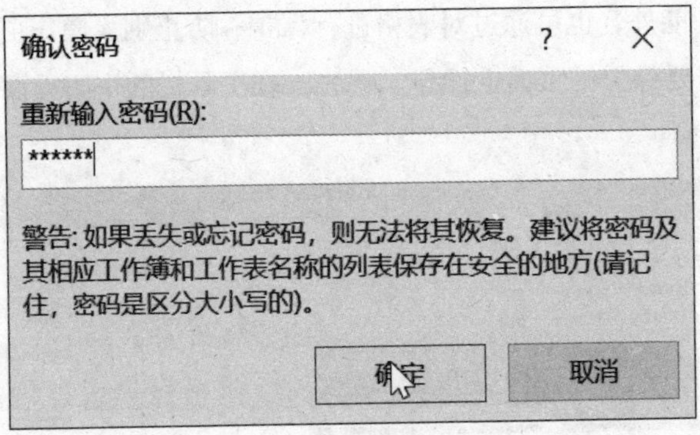

图 75　密码确认

当你设定完之后，如果其他人想要随意更改，在操作时就会弹出下面的对话框。

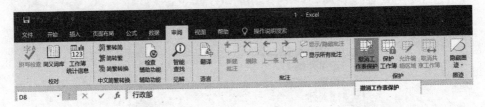

图 76　输入密码提示

当你的工作表是被保护状态时，原来工作表保护的选项就会变成撤销工作表保护。

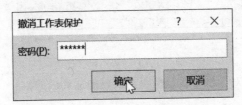

图 77　撤销工作表保护

如果你需要撤销操作，就单击这个选项，在弹出的对话框中输入你之前设置的密码，然后点击确认，工作表就又可以进行编辑了。

图 78　输入密码

04.HR 基本操作的快捷技巧

HR 常用数据录入技巧

1. 不同数据的显示设定

HR 日常中所做的图表除了文字外，还有大量的数据，所有的单元格在输入汉字和字母的时候都会直接以文本形式呈现。有时候，当你在单元格内输入数字的时候，格式就需要另外设置了。

举例来说，当你制作的员工档案表需要加上身份证信息的时候，输入身份证号却出现下面这样的显示：

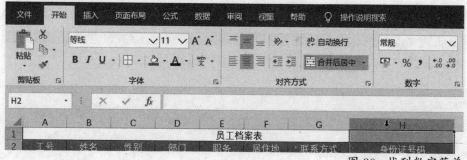

H3		⋮	✕ ✓	f_x	1308231987****0000		
	A	B	C	D	E	F	G	H
1					员工档案表			
2	工号	姓名	性别	部门	职务	居住地	联系方式	身份证号码
3	BF001	李X	女	编辑1部	主任	北京西城	136****3211	1.30823E+17
4	BF027	刘X伟	男	编辑1部	策划编辑	北京通州	134****5746	
5	BF029	陈X利	男	发行部	发行经理	北京房山	185****9677	
6	BF040	赵X远	男	发行部	发行助理	河北燕郊	176****5538	

图 79 显示科学记数

我们可以清晰地看到，你选定的单元格在编辑栏中是输入的文本，但在单元格中没有以文本形式显示，而是显示了一个类似于公式的形式，这时就需要你进行格式的修改。

之所以会这样，是因为在 Excel 的默认设置中，大于 12 位的数字会以科学记数的形式展现。如果你想要展现完整的数据，就要进行如下操作。

首先，选定身份证号一项的整列，在开始工具栏中找到数字菜单，点击常规右侧的下拉菜单。

图 80 找到数字菜单

在下拉菜单中选择文本，单击左键确认。

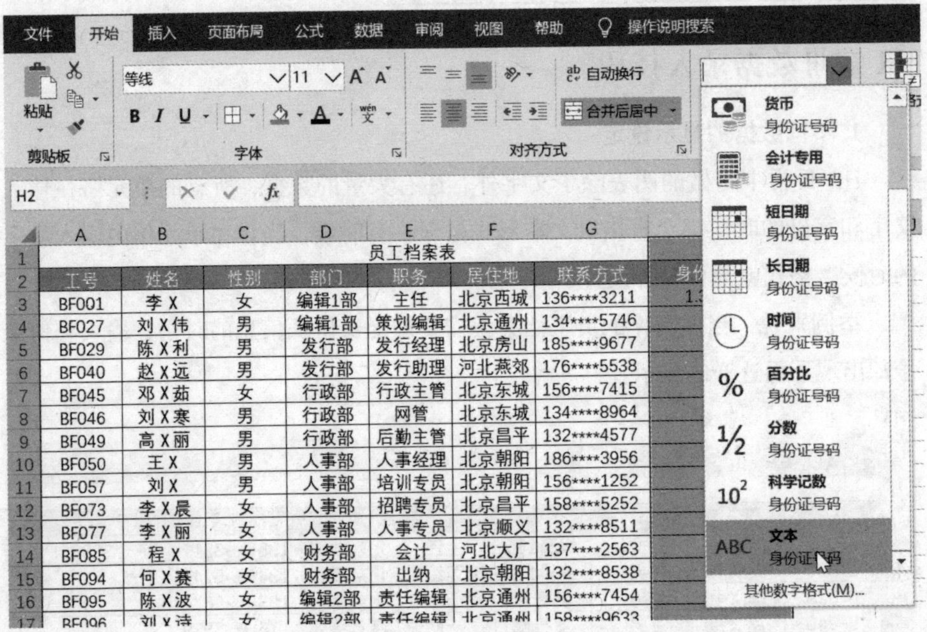

图 81　选择文本

之后再输入12位以上的数字就可以完整显示了。要注意，如果你先输入数字，然后全选更改格式的话，显示的仍旧是科学记数格式，所以一定要先设定好格式，再输入数据。

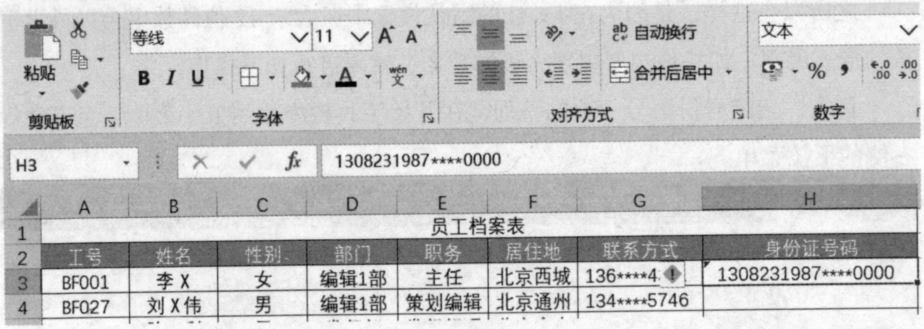

图 82　设置好后效果

另一种设定方式是选定需要显示数字的单元格，然后点击工具栏中数字菜单右下角的下拉按钮。

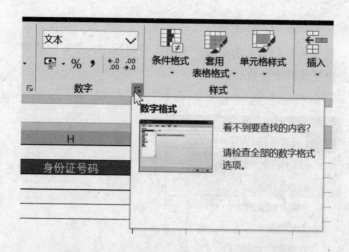

图 83 打开数字格式

在弹出的"设置单元格格式"对话框中选择"文本",然后点击确定。

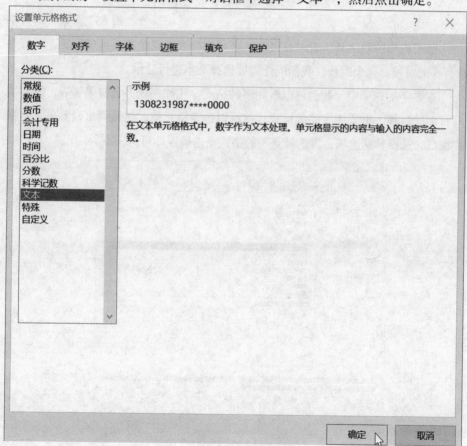

图 84 选择文本分类

如果想取消数字显示，可以在原操作上再次选择常规。更加便捷的操作是，在你输入完整的数字后，在单元格的右上角会有一个感叹号的标志，在下拉菜单中点击转换为数字，就会恢复成科学记数形式。

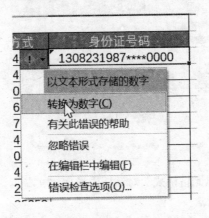

图 85　点击下拉菜单

除了长串的数字外，有时直接输入序号也会因常规设定而出现问题，那就是0打头的时候。这个时候，我们同样需要选择文本进行显示。

在数字的选项中，我们可以看到多种格式。比如一张办公室采买表，需要填写日期的时候，想要用完整的格式，就可以选定单元格，然后调出设置单元格格式窗口，选择日期选项，再选择需要的格式点击确定即可。

图 86　日期格式选择

设置好格式之后，我们就可以填充时间数据了。需要注意，在年份、月份和日期之间，需要使用"/"或"-"进行分割，才能正确使用格式。另外，填写年份的时候，最好填写完整的，而不是后两位，因为电脑会自动识别，默认00~29是2000—2029年，30~99为1930—1999年。

办公室采买表						
序号	物品名称	数量	单价	总价	经办人	日期
001	订书器	10	10.3	103		2019年5月3日
002	胶带纸	50	3.5	175		2019年5月3日
003	固体胶	100	2	200		2019年5月3日

图 87 显示设定格式

时间格式设定完成后，我们再来看这张表。它的数据比较多，难免数量和单价容易混淆，这时候可以对单价、总价这类数据加上货币符号。

选定单元格，调出设置单元格格式菜单；选择货币，然后设置小数显示位数、货币符号以及希望的格式，点击确定即可，通常默认是"¥"。如果没有特殊情况，不设定货币符号也可以。

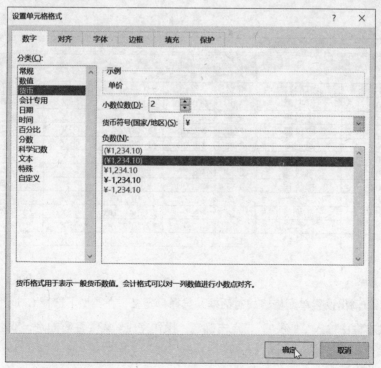

图 88 货币格式

设定完成后，我们的图表数据就清晰、明了多了。

办公室采买表						
序号	物品名称	数量	单价	总价	经办人	日期
001	订书器	10	¥10.30	¥103.00		2019年5月3日
002	胶带纸	50	¥3.50	¥175.00		2019年5月3日
003	固体胶	100	¥2.00	¥200.00		2019年5月3日
004	笔记本	200	¥6.00	¥1,200.00		2019年5月3日
005	记号笔	50	¥3.00	¥150.00		2019年5月3日
006	水性笔	300	¥2.50	¥750.00		2019年5月3日
007	橡皮擦	100	¥3.00	¥300.00		2019年5月3日
008	铅笔	500	¥0.50	¥250.00		2019年5月3日
009	曲别针	800	¥3.80	¥3,040.00		2019年5月3日
010	文件夹	200	¥12.50	¥2,500.00		2019年5月3日
011	文件袋	150	¥7.50	¥1,125.00		2019年5月3日

图 89　最终效果

接下来，我们还可以通过快捷操作为数量数据添加单位。比如，要添加单位"件"，我们需要的操作就是选定数量的一整列。

	C2	▼	fx			
A	B	C	D	E	F	G
办公室采买表						
序号	物品名称	数量	单价	总价	经办人	日期
001	订书器	10	¥10.30	¥103.00	张X	2019年5月3日
002	胶带纸	50	¥3.50	¥175.00	X	2019年5月3日
003	固体胶	100	¥2.00	¥200.00	张X	2019年5月3日
004	笔记本	200	¥6.00	¥1,200.00	张X	2019年5月3日
005	记号笔	50	¥3.00	¥150.00	张X	2019年5月3日
006	水性笔	300	¥2.50	¥750.00		2019年5月3日
007	橡皮擦	100	¥3.00	¥300.00		2019年5月3日
008	铅笔	500	¥0.50	¥250.00	张X	2019年5月3日
009	曲别针	800	¥3.80	¥3,040.00	张X	2019年5月3日
010	文件夹	200	¥12.50	¥2,500.00	张X	2019年5月3日
011	文件袋	150	¥7.50	¥1,125.00	张X	2019年5月3日

图 90　选定整列

依旧调出设置单元格格式对话框，选择自定义，在类型下选择 G/ 通用格式，再在文本框中输入""件""，点击确定，操作完成。需要注意的是，双引号要在英文半角的格式下输入才有效。

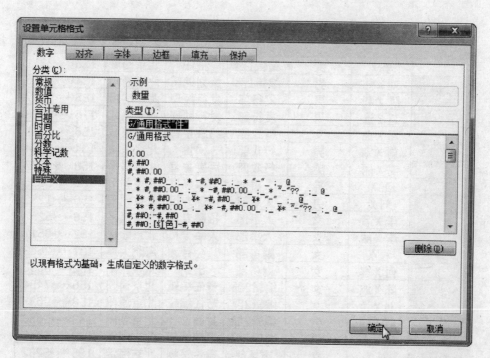

图 91 添加单位

操作完成后，所有的单位直接显示在我们选定的单元格中。

办公室采买表						
序号	物品名称	数量	单价	总价	经办人	日期
001	订书器	10件	¥10.30	¥103.00	张X	2019年5月3日
002	胶带纸	50件	¥3.50	¥175.00		2019年5月3日
003	固体胶	100件	¥2.00	¥200.00	张X	2019年5月3日
004	笔记本	200件	¥6.00	¥1,200.00	张X	2019年5月3日
005	记号笔	50件	¥3.00	¥150.00	张X	2019年5月3日
006	水性笔	300件	¥2.50	¥750.00		2019年5月3日
007	橡皮擦	100件	¥3.00	¥300.00		2019年5月3日
008	铅笔	500件	¥0.50	¥250.00	张X	2019年5月3日
009	曲别针	800件	¥3.80	¥3,040.00	张X	2019年5月3日
010	文件夹	200件	¥12.50	¥2,500.00	张X	2019年5月3日
011	文件袋	150件	¥7.50	¥1,125.00	张X	2019年5月3日

图 92 添加后效果

2. 数据的快速录入

有时，我们在输入序号的时候，可能序号有四位，但前两位是"0"。这时候，比起一个个数字输入，可以通过数字的自定义设置将前两位的"0"作为默认显示，这样我们只需输入两个数字就可以了。举例来说：

首先，选定工号一列。

员工档案表						
工号	姓名	性别	部门	职务	居住地	联系方式
	李 X	女	编辑1部	主任	北京西城	136****3211
	刘 X 伟	男	编辑1部	策划编辑	北京通州	134****5746
	陈 X 利	男	发行部	发行经理	北京房山	185****9677
	赵 X 远	男	发行部	发行助理	河北燕郊	176****5538
	邓 X 茹	女	行政部	行政主管	北京东城	156****7415
	刘 X 寒	男	行政部	网管	北京东城	134****8964
	高 X 丽	男	行政部	后勤主管	北京昌平	158****4577
	王 X	男	人事部	人事经理	北京朝阳	186****3956
	刘 X	男	人事部	培训专员	北京朝阳	156****1252
	李 X 晨	女	人事部	招聘专员	北京昌平	158****5252
	李 X 丽	女	人事部	人事专员	北京顺义	132****8511
	程 X	女	财务部	会计	河北大厂	137****2563
	何 X 赛	女	财务部	出纳	北京朝阳	132****8538
	陈 X 波	女	编辑2部	责任编辑	北京通州	156****7454
	刘 X 诗	女	编辑2部	责任编辑	北京通州	158****9633
	赵 X 伟	男	编辑2部	封面设计	北京朝阳	133****9653
	马 X 东	男	编辑2部	策划编辑	北京海淀	133****5445
	刘 X	女	市场部	宣传策划	北京海淀	155****5232

图 93　选定空白单元格

然后，在工具栏的数字选项中点出下拉菜单。

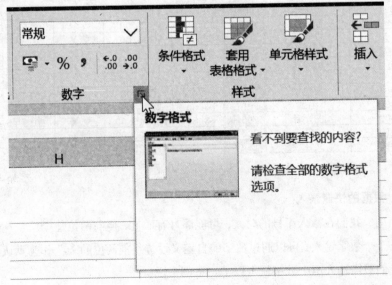

图 94　打开数字格式

在弹出的设置单元格格式对话框中，选择自定义，然后找到并选定"0"的选项。

图 95　选择自定义

在类型的文本框中输入两个"0"，点击确认键，操作完成。

图 96　输入数据

51

接下来，如果要输入001，只需直接输入1，然后点击回车键或者将光标移到任意一个位置点击，序号001就会自动出现。

员工档案表				
工号	姓名	性别	部门	职务
001	李 X	女	编辑1部	主任
✛	刘 X 伟	男	编辑1部	策划编辑

图 97　最终效果

另外，如果序号前有字母，我们可以通过添加前缀将字母设为默认，然后在输入的时候只需输入数字就行了。

以员工档案表为例，序号是 BF***，我们先选定需要前缀的单元格一列，调出设置单元格格式对话框，然后选择自定义，在自定义选项中找到"@"符号并点击。

图 98　添加前缀设定

　　然后，在类型的文本框中输入双引号，里面是你需要加的默认前缀——""BF""，点击确认键。需要特别注意，这里的双引号必须是在英文输入法状态下的双引号才可以。

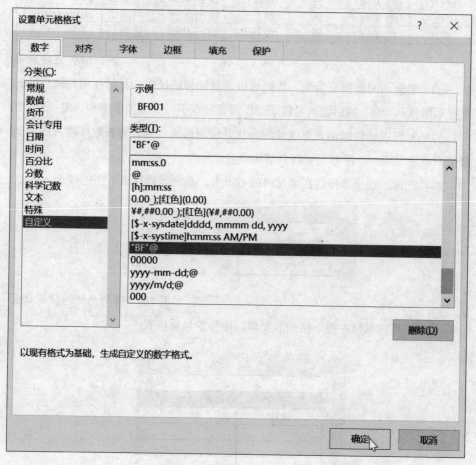

图 99　输入前缀

　　一切完成之后，输入序号数字后按回车键，带有前缀的工号就自动生成了。

员工档案表						
工号	姓名	性别	部门	职务	居住地	联系方式
BF001	李 X	女	编辑1部	主任	北京西城	136****3211
BF027	刘 X 伟	男	编辑1部	策划编辑	北京通州	134****5746
BF029	陈 X 利	男	发行部	发行经理	北京房山	185****9677
BF040	赵 X 远	男	发行部	发行助理	河北燕郊	176****5538

图 100 最终效果

如果要输入的数据有后缀，我们可以重复同样的操作，只需在填写信息的时候把后缀放到"@"的后面就可以了，也需要加双引号，或加前缀和后缀。

另一种可以让数据输入更便捷的办法是快速输入。当你要按顺序输入序号，我们只需填写第一个序号，可以自动生成其他序号。

移动光标，让光标停留在单元格的右下方，直到光标变成下图的样子。

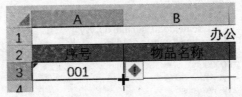

图 101 移动光标到指定位置

然后，按住鼠标左键下拉到需要填写序号的最后位置。

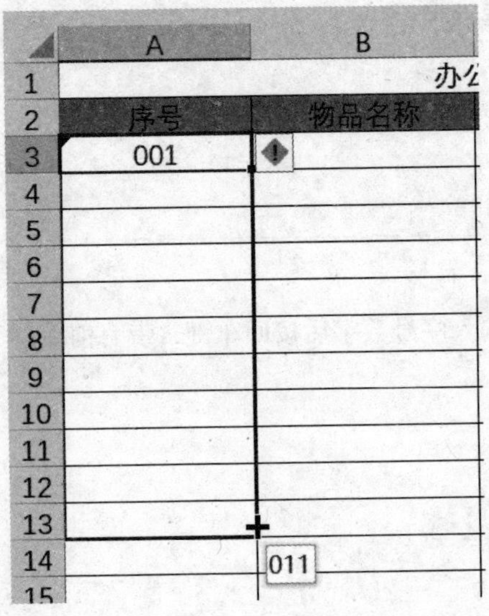

图 102 下拉光标

松开左键，序号自动排序即可完成。

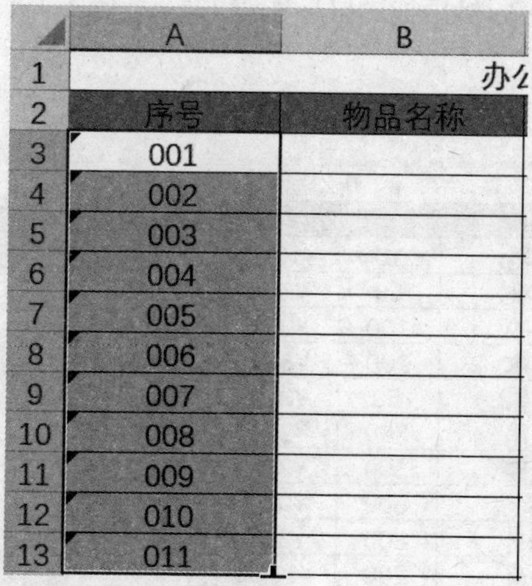

	A	B
1		办么
2	序号	物品名称
3	001	
4	002	
5	003	
6	004	
7	005	
8	006	
9	007	
10	008	
11	009	
12	010	
13	011	

图 103　最终效果

　　当我们需要在多个单元格输入相同的内容时，也可进行快捷操作。将光标移动到需要复制内容的单元格右下角，在光标变成黑色的"+"时，按住鼠标左键下拉到需要填充的位置，然后松手，相同的信息就复制上了。

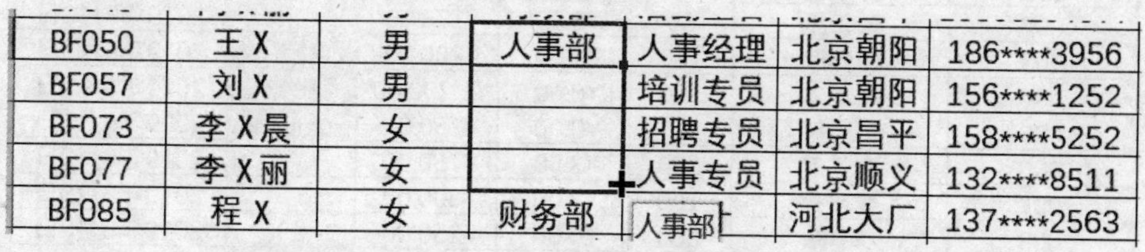

BF050	王 X	男	人事部	人事经理	北京朝阳	186****3956
BF057	刘 X	男		培训专员	北京朝阳	156****1252
BF073	李 X晨	女		招聘专员	北京昌平	158****5252
BF077	李 X丽	女		人事专员	北京顺义	132****8511
BF085	程 X	女	财务部	人事部	河北大厂	137****2563

图 104　下拉光标

BF050	王 X	男	人事部	人事经理	北京朝阳	186****3956
BF057	刘 X	男	人事部	培训专员	北京朝阳	156****1252
BF073	李 X晨	女	人事部	招聘专员	北京昌平	158****5252
BF077	李 X丽	女	人事部	人事专员	北京顺义	132****8511
BF085	程 X	女	财务部	会计	河北大厂	137****2563

图 105　填充效果

即便是不连续的单元格,我们也能同时复制信息并粘贴。在选定需要填写的单元格时,按住【Ctrl】键,然后拖动鼠标选定,录入信息后同时按【Ctrl+回车键】,信息就录入成功了。

办公室采买表						
序号	物品名称	数量	单价	总价	经办人	日期
001	订书器	10	¥10.30	¥103.00		2019年5月3日
002	胶带纸	50	¥3.50	¥175.00		2019年5月3日
003	固体胶	100	¥2.00	¥200.00		2019年5月3日
004	笔记本	200	¥6.00	¥1,200.00		2019年5月3日
005	记号笔	50	¥3.00	¥150.00		2019年5月3日
006	水性笔	300	¥2.50	¥750.00		2019年5月3日
007	橡皮擦	100	¥3.00	¥300.00		2019年5月3日
008	铅笔	500	¥0.50	¥250.00		2019年5月3日
009	曲别针	800	¥3.80	¥3,040.00		2019年5月3日
010	文件夹	200	¥12.50	¥2,500.00		2019年5月3日
011	文件袋	150	¥7.50	¥1,125.00		2019年5月3日

图 106 不连续单元格选择

办公室采买表						
序号	物品名称	数量	单价	总价	经办人	日期
001	订书器	10	¥10.30	¥103.00	张X	2019年5月3日
002	胶带纸	50	¥3.50	¥175.00		2019年5月3日
003	固体胶	100	¥2.00	¥200.00	张X	2019年5月3日
004	笔记本	200	¥6.00	¥1,200.00	张X	2019年5月3日
005	记号笔	50	¥3.00	¥150.00	张X	2019年5月3日
006	水性笔	300	¥2.50	¥750.00		2019年5月3日
007	橡皮擦	100	¥3.00	¥300.00		2019年5月3日
008	铅笔	500	¥0.50	¥250.00	张X	2019年5月3日
009	曲别针	800	¥3.80	¥3,040.00	张X	2019年5月3日
010	文件夹	200	¥12.50	¥2,500.00	张X	2019年5月3日
011	文件袋	150	¥7.50	¥1,125.00	张X	2019年5月3日

图 107 填充效果

同样的操作却有不同的效果,是 Excel 默认的智能设定。比如,在文本的设定下,在一个单元格输入数字1,默认下拉就是排序;除此之外,默认下拉皆为复制,不过也可以更改。

下拉完成后,在 "+" 的边上还有一个选项菜单,我们可以在那里操作。在下拉菜单中,我们可以看到默认的是填充序列。当你选为复制单元格,选定的区域就会进行复制粘贴操作。

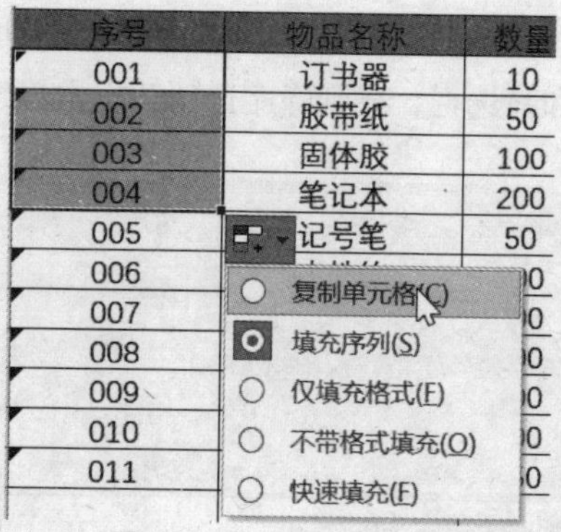

序号	物品名称	数量
001	订书器	10
002	胶带纸	50
003	固体胶	100
004	笔记本	200
005	记号笔	50
006		
007		
008		
009		
010		
011		

○ 复制单元格(C)
◉ 填充序列(S)
○ 仅填充格式(F)
○ 不带格式填充(O)
○ 快速填充(F)

图 108　选择复制单元格

HR常用数据处理方法

1. 常见的数据排序

数据的快速录入能够帮我们很快完成表格制作，但在分析数据的时候，还需要一些便捷的处理方法，让数据更加清晰明了。

举例来说，HR面试之后，会将所有面试人员的成绩进行汇总分析。当面试者的成绩参差不齐的时候，我们要对表格进行再加工，以便更加直观。比如下面这张员工成绩单，我们可以看到原始数据比较杂乱，逐个对比很麻烦，这时可以通过条件排序。

面试成绩单				
姓名	学历	年龄	面试评分	主考评分
李X	硕士	40	95	85
程X	专科	23	58	40
李X晨	专科	21	56	60
陈X波	专科	27	58	65
陈X利	专科	27	60	75
邓X茹	本科	22	66	70
周X	本科	28	67	65
赵X远	专科	28	70	65
何X	专科	22	77	75
刘X	硕士	25	78	75
赵X伟	硕士	41	78	80
钱X爱	专科	22	80	80
刘X	专科	25	82	75
刘X诗	专科	26	83	80
吴X丽	专科	24	83	90
何X赛	硕士	35	85	75
孙X菲	专科	26	85	85
刘X伟	专科	31	87	90
陈X	本科	24	87	90
刘X寒	博士	31	88	80
马X东	本科	37	88	70
高X丽	本科	27	90	90
王X	专科	26	92	90
李X丽	硕士	26	93	85
赫X娜	专科	29	93	90

图 109　排序前效果

如果考核以面试评分为基准，就选定面试评分一列的任一单元格，在工具栏的数据菜单中找到排序和筛选栏，找到降序选项，点击确定即可。

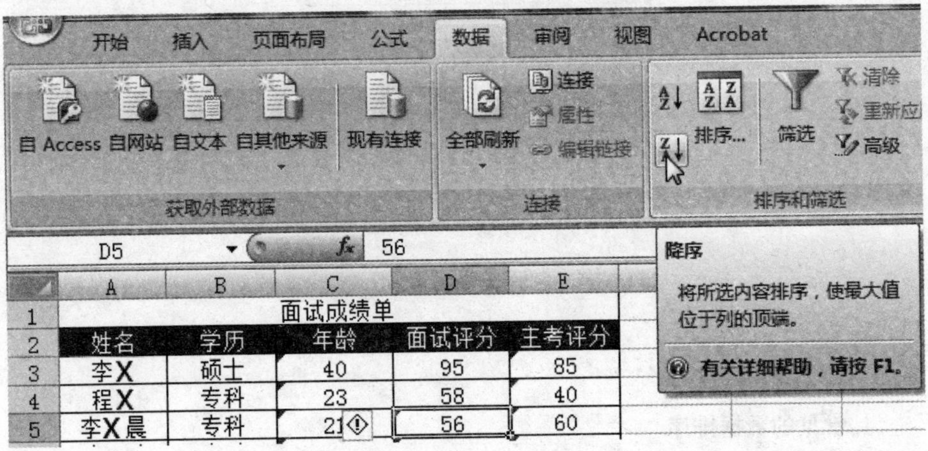

图 110　点击降序

面试评分由高至低就自动排列好了。

面试成绩单				
姓名	学历	年龄	面试评分	主考评分
李X丽	硕士	26	93	85
赫X娜	专科	29	93	90
王X	专科	26	92	90
高X丽	本科	27	90	90
刘X寒	博士	31	88	80
马X东	本科	37	88	70
刘X伟	本科	31	87	90
陈X	本科	24	87	90
何X赛	硕士	35	85	75
孙X菲	专科	26	85	85
刘X诗	专科	26	83	80
吴X丽	专科	24	83	90
刘X	专科	25	82	75
钱X爱	专科	22	80	80
刘X	硕士	25	78	75
赵X伟	硕士	41	78	80
何X	专科	22	77	75
赵X远	专科	28	70	65
周X	本科	28	67	65
邓X茹	本科	22	66	70
陈X利	专科	27	60	75
陈X波	专科	27	58	65
李X晨	专科	21	56	60
李X	硕士	40	95	85
程X	专科	23	58	40

图 111　排序效果

如果需要按照学历进行排序，无法简单通过升序、降序完成，这时候可以在工具栏数据菜单中找到排序选项，然后单击。

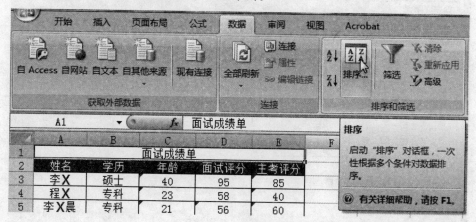

图112 点击排序

单击排序选项后会弹出下面这个对话框，主要关键字选择学历，在次序的下拉菜单中选择自定义序列。

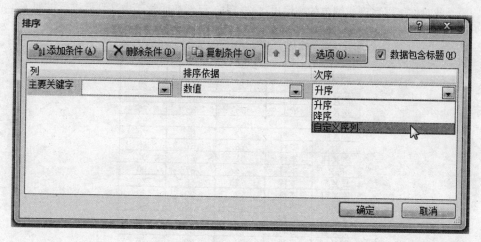

图113 选择自定义序列

在输入序列的文本框中，按照需要的顺序一次填入，如学历由高到低或者由低到高，要记得每输入完一个关键词按回车键在下一段输入次要关键词，完成后点击确定即可。

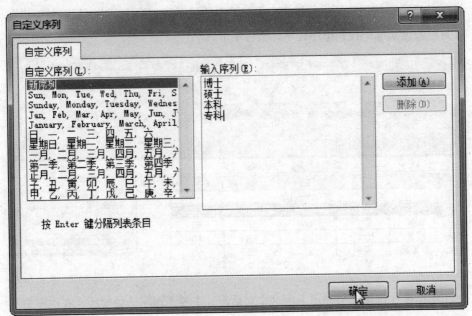

图 114　输入序列

此时你可以看到成绩单的顺序再次被打乱，已经按照学历由高到低进行排列了。

面试成绩单				
姓名	学历	年龄	面试评分	主考评分
刘X寒	博士	31	88	80
李X	硕士	40	95	85
刘X	硕士	25	78	75
赵X伟	硕士	41	78	80
何X赛	硕士	35	85	75
李X丽	硕士	26	93	85
邓X茹	本科	22	66	70
周X	本科	28	67	65
刘X伟	本科	31	87	90
陈X	本科	24	87	90
马X东	本科	37	88	70
高X丽	本科	27	90	90
程X	专科	23	58	40
李X晨	专科	21	56	60
陈X波	专科	27	58	65
陈X利	专科	27	60	75
赵X远	专科	28	70	65
何X	专科	22	77	75
钱X爱	专科	22	80	80
刘X	专科	25	82	75
刘X诗	专科	26	83	80
吴X丽	专科	24	83	90
孙X菲	专科	26	85	85
王X	专科	26	92	90
赫X娜	专科	29	93	90

图 115　排序效果

有时候，按照成绩排序的话，会有同分的情况。这个时候，如果要参考主考评分，那排出另一个表格，两个表格对比来看，未免太麻烦了些。我们可以通过添加条件实现同时满足两个条件的排序。

首先，选定数据列中的任一单元格，然后在工具菜单中调出排序对话框；按照之前的顺序，将面试评分定为降序，点击左上角的添加条件。

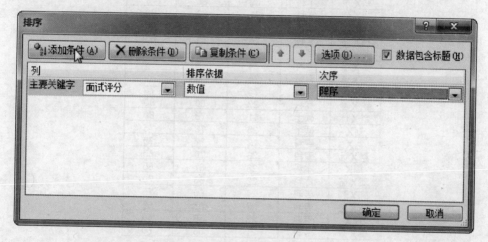

图 116　点击添加条件

点击之后出现次要关键字选项行，把我们要满足的第二个条件，即主考评分填入，在次序选项中依旧选择降序，点击确定键。

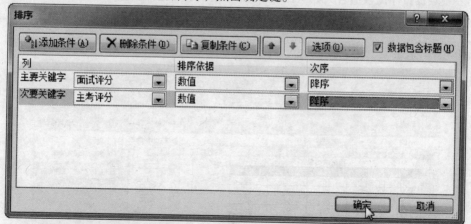

图 117　点击确定

操作完成后，就能够得到下面这张表格了。可以看出，面试评分同为 93 分的两个人，主考评分更高的赫 × 娜排在前面，这样数据会更加直观。

面试成绩单				
姓名	学历	年龄	面试评分	主考评分
李X	硕士	40	95	85
赫X娜	专科	29	93	90
李X丽	硕士	26	93	85
王X	专科	26	92	90
高X丽	本科	27	90	90
刘X寒	博士	31	88	80
马X东	本科	37	88	70
刘X伟	本科	31	87	90
陈X	本科	24	87	90
孙X菲	专科	26	85	85
何X赛	硕士	35	85	75
吴X丽	专科	24	83	90
刘X诗	专科	26	83	80
刘X	专科	25	82	75
钱X爱	专科	22	80	80
赵X伟	硕士	41	78	80
刘X	硕士	25	78	75
何X	专科	22	77	75
赵X远	专科	28	70	65
周X	本科	28	67	65
邓X茹	本科	22	66	70
陈X利	专科	27	60	75
陈X波	专科	27	58	65
程X	专科	23	58	40
李X晨	专科	21	56	60

图 118　排序效果

2. 数据的筛选采集

数据排序比较适合大数据比对，如果是成绩单需要直接选择的时候，就不需要完整的信息了。尤其在信息数据很多的时候，我们可以使用筛选功能把不需要的部分筛掉，只留下需要的数据。

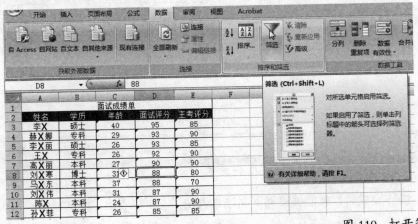

图 119　打开筛选

仍以面试举例。比如对学历有硬性要求，我们可以进行如下操作。

首先，选定表格内任意有内容的单元格，然后在工具栏的数据菜单中找到筛选选项。

点击筛选之后，在表头分类的每个单元格右方会出现一个下拉按钮，点击学历一栏的下拉按钮，看到下图显示。

1	面试成绩单				
2	姓名 ▼	学历 ▼	年龄 ▼	面试评▼	主考评▼

升序(S)
降序(O)
按颜色排序(T)　▶
从"学历"中清除筛选(C)
按颜色筛选(I)　▶
文本筛选(F)　▶

☑ (全选)
☑ 本科
☑ 博士
☑ 硕士
☑ 专科

确定　　取消

				95	85
				93	90
				93	85
				92	90
				90	90
				88	80
				88	70
				87	90
				87	90
				85	85
				85	75
				83	90
				83	80
				82	75
				80	80
				78	80
				78	75
				77	75
				70	65
				67	65
				66	70
24	陈X利	专科	27	60	75
25	陈X波	专科	27	58	65
26	程X	专科	23	58	40
27	李X晨	专科	21	56	60

图120　点击学历下拉菜单

如果只保留本科和硕士的话，就取消博士和专科的选择，点击确定。

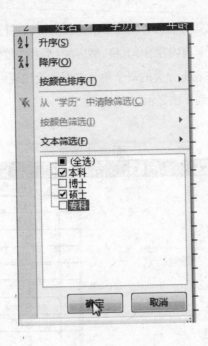

图 121 点击确定

点击确定后，可以得到这张筛选过后的表格。

面试成绩单				
姓名 ▼	学历 ▽	年龄 ▼	面试评 ▼	主考评 ▼
李X	硕士	40	95	85
李X丽	硕士	26	93	85
高X丽	本科	27	90	90
马X东	本科	37	88	70
刘X伟	本科	31	87	90
陈X	本科	24	87	90
何X赛	硕士	35	85	75
赵X伟	硕士	41	78	80
刘X	硕士	25	78	75
周X	本科	28	67	65
邓X茹	本科	22	66	70

图 122 最终结果

如果要筛选数据，也很简单。仍以面试成绩单为例，想要排除低分的面试者，只留下高分的面试者，我们只要定好一个分数线进行筛选即可。

首先，选定有内容的任意单元格，然后点击工具栏数据选项菜单中的筛选选项。

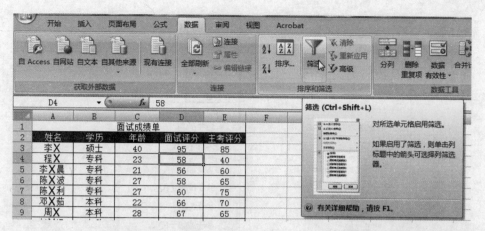

图 123 打开筛选选项

在所有表头项的单元格右侧都会有一个下拉菜单按钮，选择面试评分一项点击，在下拉菜单中找到数字筛选。

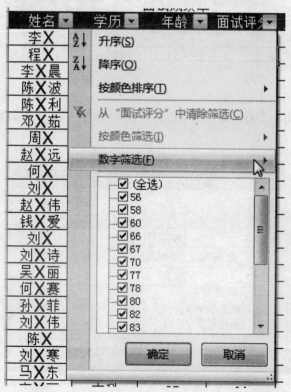

图 124 点击数字筛选

在数字筛选选项下点击大于选项。

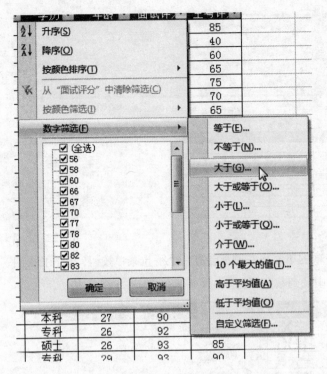

图 125   选择大于选项

　　然后，弹出一个自定义自动筛选方式的对话框，填入一个基准数，如75，点击确定。

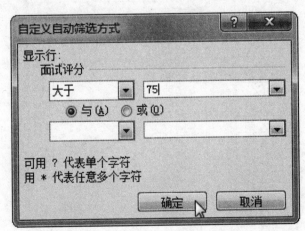

图 126   添加标准

可以看到，所有75分以下的人全部被淘汰掉了，表格中只剩下75分以上的人。

面试成绩单				
姓名 ▼	学历 ▼	年龄 ▼	面试评分 ▼	主考评分 ▼
李X	硕士	40	95	85
何X	专科	22	77	75
刘X	硕士	25	78	75
赵X伟	硕士	41	78	80
钱X爱	专科	22	80	80
刘X	专科	25	82	75
刘X诗	专科	26	83	80
吴X丽	专科	24	83	90
何X赛	硕士	35	85	75
孙X菲	专科	26	85	85
刘X伟	本科	31	87	90
陈X	本科	24	87	90
刘X寒	博士	31	88	80
马X东	本科	37	88	70
高X丽	本科	27	90	90
王X	专科	26	92	90
李X丽	硕士	26	93	85
赫X娜	专科	29	93	90

图 127　筛选结果

如果选择大于或等于，75分也会在其中。对于考勤表，如果要找出不合格的人，就选择小于或小于等于这样的选项，可以调出所有低于基准线分数的人。

取一个基准线选择或高或低的数据都很简单，但有时需要分析中间部分的数值，那怎么筛选呢？这时候，我们要进行介于指定数值的筛选。

依旧是点击任意有内容的单元格，选择数据选项中的筛选功能，然后在面试评分的下拉菜单中点击数字筛选，这次我们要选择"介于"。

图 128　选择介于

点击介于后，弹出的对话框自动就有了大于或等于以及小于或等于，只需把中间需要的数值下限和上限分别填入对应的区域就可以了。最后，再点击确定，大功告成。

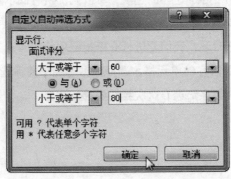

图 129　设定标准

很明显，表格剩下的都是介于我们标准之间的数据信息。

面试成绩单				
姓名 ▼	学历 ▼	年龄 ▼	面试评分 ▼	主考评 ▼
陈X利	专科	27	60	75
邓X茹	本科	22	66	70
周X	本科	28	67	65
赵X远	专科	28	70	65
何X	专科	22	77	75
刘X	硕士	25	78	75
赵X伟	硕士	41	78	80
钱X爱	专科	22	80	80

图 130　筛选结果

还有一些情况是数据没有办法按照我们的标准来，这时候就需要针对表格的所有数据进行筛选。举例来说，如果招聘的时候不理想，一批人都没有达到基准值，这时候属于"矮子里面拔高个"，就要以平均值为基准，挑出平均值之上的人。

选择任意有内容的单元格，通过工具栏中的筛选调出选项菜单，在面试评分的下拉菜单中选择数字筛选，直接点击高于平均值。

图 131　选择高于平均值

接下来得到的表格内容就是高于平均值的所有数据，操作便捷、直接，不用计算平均值然后设定筛选下限，就可以得到想要的结果，简单、高效。低于平均值也是同样的操作步骤。

面试成绩单				
姓名 ▼	学历 ▼	年龄 ▼	面试评 ▼	主考评 ▼
李X	硕士	40	95	85
钱X爱	专科	22	80	80
刘X	专科	25	82	75
刘X诗	专科	26	83	80
吴X丽	专科	24	83	90
何X赛	硕士	35	85	75
孙X菲	专科	26	85	85
刘X伟	本科	31	87	90
陈X	本科	24	87	90
刘X寒	博士	31	88	80
马X东	本科	37	88	70
高X丽	本科	27	90	90
王X	专科	26	92	90
李X丽	硕士	26	93	85
赫X娜	专科	29	93	90

图 132　筛选结果

筛选是一个很便捷的功能，你可以通过筛选获得成绩优异的前几位，具体操作不再赘述。步骤都一样，只是在筛选菜单下选择"10个最大的值的选项"，然后在弹出的对话框中选择要筛选的数值就可以了。比如前三名，就填入数值3，这是可以调整的。

图 133　点击确定

后面的"项"也可以换成百分比，这样筛选的结果就不同了。"项"的选项和数值对应的是信息数，即10项就是筛选出数值最大的10名，百分比则不一定，10%意味着所有数据中最大的10%，根据数据比例来计算。

若是打算同时筛选出满足两个条件的数据，就需要用到"高级"技能。首先，明确同时满足的两个条件，比如希望筛选本科学历80分以上的面试者，就要复制表头学历和面试评分两项，粘贴在表格外的任意位置。要注意，条件单元格不能和原表格紧挨着，至少要隔开一列以上。

然后，将"本科"和">80"两个条件填入对应的位置。

	姓名	学历	年龄	面试评分	主考评分		学历	面试评分
1			面试成绩单					
2	姓名	学历	年龄	面试评分	主考评分		学历	面试评分
3	李 X	硕士	40	95	85		本科	>80
4	程 X	专科	23	58	40			
5	李 X晨	专科	21	56	60			
6	陈 X波	专科	27	58	65			
7	陈 X利	专科	27	60	75			
8	邓 X茹	本科	22	66	70			
9	周 X	本科	28	67	65			

图 134 添加条件

然后，可以进行下一步操作，在数据菜单排序和筛选的选项栏中，找到高级选项并点击。

图 135 打开高级选项

之后弹出下图对话框，选择"将筛选结果复制到其他位置"的方式，它能够在原表格边上显示，可以对比，不会覆盖原表格。然后，在列表区域，通过移动光标圈定原表格中需要筛选的区域，通常默认出现的是整个表格，不用过多改动。

条件区域是我们刚刚填写条件的四个单元格，通常无须修改，如果不确认，可以通过点击对话框中相应的文本框查看圈定的位置，或者看区域的行序数字和列序字母。至于复制到，则将你希望筛选后的新表格位置选定即可，然后点击确定。

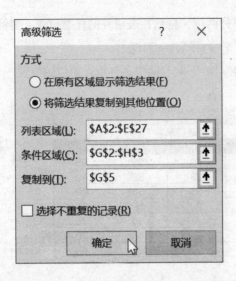

图 136　选择区域

下图是操作完成后的结果。通过这样的筛选，能够让数据更加清晰、明了。

	A	B	C	D	E	F	G	H	I	J	K
2	姓名	学历	年龄	面试评分	主考评分		学历	面试评分			
3	李 X	硕士	40	95	85		本科	>80			
4	程 X	专科	23	58	40						
5	李 X晨	专科	21	56	60		姓名	学历	年龄	面试评分	主考评分
6	陈 X波	专科	27	58	65		刘 X伟	本科	31	87	90
7	陈 X利	专科	27	60	75		陈 X	本科	24	87	90
8	邓 X茹	本科	22	66	70		马 X东	本科	37	88	70
9	周 X	本科	28	67	65		高 X丽	本科	27	90	90
10	赵 X远	专科	28	70	65						
11	何 X	专科	22	77	75						
12	刘 X	硕士	25	78	75						
13	赵 X伟	硕士	41	78	80						
14	钱 X爱	专科	22	80	80						
15	刘 X	专科	25	82	75						

图 137　最终结果

还有一种情况，就是不用同时满足两个条件。两个条件非并列关系，只要满足两个条件之一的数据都要筛选出来，需要的是另外一种操作方法，不过跟上面的操作类似。

比如要筛选出学历是本科或面试成绩在 90 分之上的数据，我们同样把学历和面试评分两项复制粘贴到原表格外的任意位置，至少要和原表格隔开一列以上。然后，在学历下填写"本科"，面试评分下的第二个单元格填写">90"。因为两个条件不是并列关系，所以要错开填写。

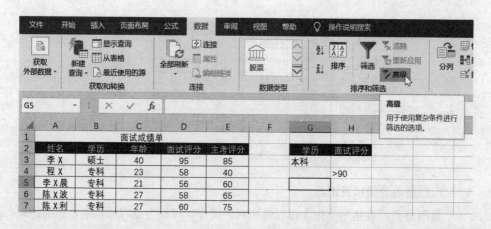

図 138　在对应位置添加条件

接下来的操作和上面的一样。点击数据菜单下排序和筛选一栏中的高级筛选，在弹出的对话框中选择"将筛选结果复制到其他位置"，然后选定列表区域、条件区域以及复制到位置，点击确定。

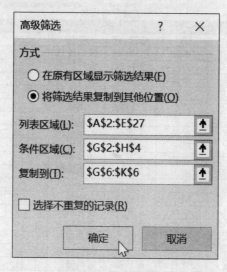

図 139　选择区域点击确定

可以看到，满足本科或评分 90 分以上的数据就筛选出来了。

姓名	学历	年龄	面试评分	主考评分
李X	硕士	40	95	85
邓X茹	本科	22	66	70
周X	本科	28	67	65
刘X伟	本科	31	87	90
陈X	本科	24	87	90
马X东	本科	37	88	70
高X丽	本科	27	90	90
王X	专科	26	92	90
李X丽	硕士	26	93	85
赫X娜	专科	29	93	90

图 140　最终结果

3. 数据的分类以及汇总

数据分类汇总是每个企业都经常用到的操作，理解为是对同类别数据的结果统计，可以是一项类别，也可以是多项类别。

以员工绩效考核表为例。可以看出，所有员工的考核是按照工号排序的，每个人的数据都不相同，如果要类比编辑部的最高分，一个个看太麻烦，这里就可以通过排序后统计各部门的成绩最大值来实现。

首先，进行排序，让编辑部门集合到一起，方便进行数据比对。

工号	姓名	学历	部门	职务	考勤成绩	业务成绩
			员工绩效考核表			
BF001	李X	硕士	编辑1部	主任	100	95
BF027	刘X伟	本科	编辑1部	策划编辑	95	98
BF029	陈X利	专科	发行部	发行经理	100	85
BF040	赵X远	专科	发行部	发行助理	100	100
BF045	邓X茹	本科	行政部	行政主管	78	85
BF046	刘X寒	博士	行政部	网管	86	88
BF049	高X丽	本科	行政部	后勤主管	100	90
BF050	王X	专科	人事部	人事经理	98	90
BF057	刘X	硕士	人事部	培训专员	100	87
BF073	李X晨	专科	人事部	招聘专员	100	65
BF077	李X丽	硕士	人事部	人事专员	92	78
BF085	程X	专科	财务部	会计	60	98
BF094	何X赛	硕士	财务部	出纳	100	100
BF095	陈X波	专科	编辑2部	责任编辑	100	95
BF096	刘X诗	专科	编辑2部	责任编辑	99	100
BF097	赵X伟	硕士	编辑2部	封面设计	97	96
BF098	马X东	本科	编辑2部	策划编辑	92	88
BF101	刘X	专科	市场部	宣传策划	91	90
BF115	赫X娜	专科	市场部	活动策划	99	86
BF123	陈X	本科	编辑3部	美术编辑	100	100
BF174	何X	专科	编辑3部	美术编辑	100	92
BF221	钱X爱	专科	编辑3部	责任编辑	78	86
BF234	孙X菲	专科	编辑3部	排版	97	94
BF245	周X	本科	编辑3部	排版	95	99
BF276	吴X丽	专科	编辑3部	排版	60	58

图 141　原始表格

选中部门整列，然后在数据工具栏的排序和筛选菜单中选择排序，按照升序或降序都可以。这里点击升序，将编辑部门调整到一起。

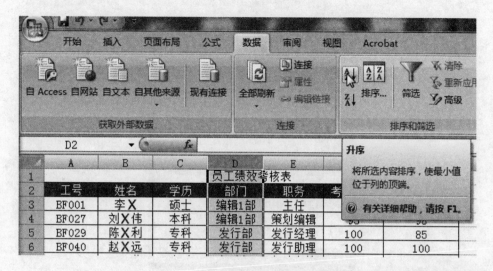

图 142　给部门排序

在弹出的排序提醒对话框中默认扩展选定区域，然后点击排序按钮进行确认。

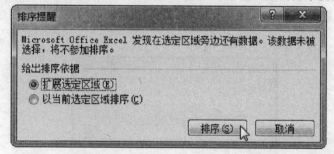

图 143　点击排序

排序完成后，在数据工具栏分级显示菜单中找到分类汇总选项，单击该选项。

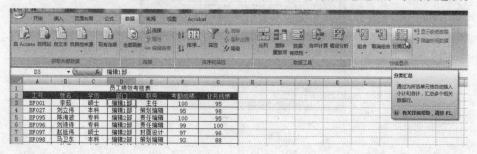

图 144　分类汇总

随后，弹出分类汇总的对话框。我们将分类字段选择部门分类，汇总项点击考勤成绩和业务成绩两项，默认的替换当前分类汇总要取消前面的选定标，不替换。

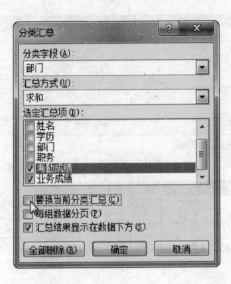

图 145　设定分类汇总条件

最后，调整汇总方式，在汇总方式下拉菜单中选择最大值，然后点击确定。

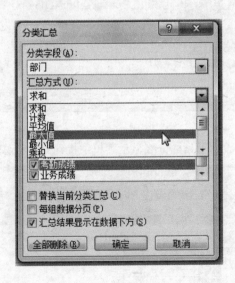

图 146　点击确定

图表就会变成下图这种形式，我们可以很明了地看到每个部门的成绩最大值。

		A	B	C	D	E	F	G
	1				员工绩效考核表			
	2	工号	姓名	学历	部门	职务	考勤成绩	业务成绩
	3	BF001	李X	硕士	编辑1部	主任	100	95
	4	BF027	刘X伟	本科	编辑1部	策划编辑	95	98
	5				编辑1部 最大值		100	98
	6	BF095	陈X波	专科	编辑2部	责任编辑	100	95
	7	BF096	刘X诗	专科	编辑2部	责任编辑	99	100
	8	BF097	赵X伟	硕士	编辑2部	封面设计	97	96
	9	BF098	马X东	本科	编辑2部	策划编辑	92	88
	10				编辑2部 最大值		100	100
	11	BF123	陈X	本科	编辑3部	美术编辑	100	100
	12	BF174	何X	专科	编辑3部	美术编辑	100	92
	13	BF221	钱X爱	专科	编辑3部	责任编辑	78	86
	14	BF234	孙X菲	专科	编辑3部	排版	97	94
	15	BF245	周X	本科	编辑3部	排版	95	99
	16	BF276	吴X丽	专科	编辑3部	排版	60	58
	17				编辑3部 最大值		100	100
	18	BF085	程X	专科	财务部	会计	60	98
	19	BF094	何X赛	硕士	财务部	出纳	100	100
	20				财务部 最大值		100	100
	21	BF029	陈X利	专科	发行部	发行经理	100	85
	22	BF040	赵X远	专科	发行部	发行助理	100	100
	23				发行部 最大值		100	100
	24	BF045	邓X茹	本科	行政部	行政主管	78	85
	25	BF046	刘X寒	博士	行政部	网管	86	88
	26	BF049	高X丽	本科	行政部	后勤主管	100	90
	27				行政部 最大值		100	90
	28	BF050	王X	专科	人事部	人事经理	98	90
	29	BF057	刘X	硕士	人事部	培训专员	100	87
	30	BF073	李X晨	专科	人事部	招聘专员	100	65
	31	BF077	李X丽	硕士	人事部	人事专员	92	78
	32				人事部 最大值		100	90

图 147 最终效果展示

如果是销售部分的业绩总和，就可以通过求和来实现。另一种比较常见的操作是，对各部门所有员工的成绩平均值进行类比，相同的操作，选择平均值即可，这里不多做解释。如果需要求部门平均值的同时也求得各学历的平均值，我们就需要多一步操作。

首先，选定任意有内容的单元格，然后在工具栏菜单的排序与筛选选项中点击排序，在弹出的下列对话框中，设置主要关键字为部门，点击添加条件，再在新添的条件中选择学历，次序填升序或降序都可以，点击确定。

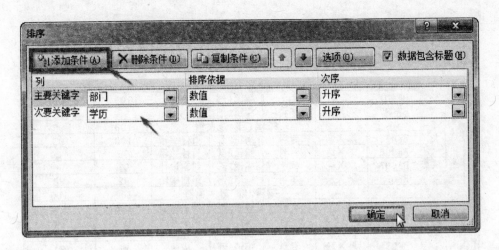

图 148　添加条件

　　排序完成后，依旧是找到分类汇总选项，然后选择考勤成绩和业务成绩，在汇总方式一栏中选择平均值，点击确定。

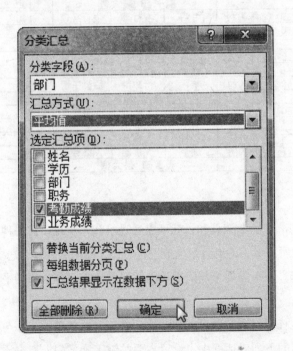

图 149　选择平均值点击确定

　　可以看到，每个部门的平均值已经显示出来了，此时再次点击分类汇总选项。

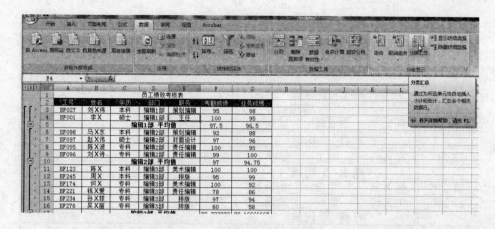

图 150　分类汇总

这次弹出的对话框中，汇总方式已经默认为平均值，要将分类字段选择为学历，然后点击确定。

图 151　选择学历

这样每个部门的平均值以及部门中不同学历的平均值都能显示出来。

工号	姓名	学历	部门	职务	考勤成绩	业务成绩
BF027	刘X伟	本科	编辑1部	策划编辑	95	98
		本科 平均值			95	98
BF001	李X	硕士	编辑1部	主任	100	95
		硕士 平均值			100	95
			编辑1部 平均值		97.5	96.5
BF098	马X东	本科	编辑2部	策划编辑	92	88
		本科 平均值			92	88
BF097	赵X伟	硕士	编辑2部	封面设计	97	96
		硕士 平均值			97	96
BF095	陈X波	专科	编辑2部	责任编辑	100	95
BF096	刘X诗	专科	编辑2部	责任编辑	99	100
		专科 平均值			99.5	97.5
			编辑2部 平均值		97	94.75
BF123	陈X	本科	编辑3部	美术编辑	100	100
BF245	周X	本科	编辑3部	排版	95	99
		本科 平均值			97.5	99.5
BF174	何X	专科	编辑3部	美术编辑	100	92
BF221	钱X爱	专科	编辑3部	责任编辑	78	86
BF234	孙X菲	专科	编辑3部	排版	97	94
BF276	吴X丽	专科	编辑3部	排版	60	58
		专科 平均值			83.75	82.5
			编辑3部 平均值		88.333333	88.16666667
BF094	何X赛	硕士	财务部	出纳	100	100
		硕士 平均值			100	100
BF085	程X	专科	财务部	会计	60	98
		专科 平均值			60	98
			财务部 平均值		80	99
BF029	陈X利	专科	发行部	发行经理	100	85
BF040	赵X远	专科	发行部	发行助理	100	100
		专科 平均值			100	92.5
			发行部 平均值		100	92.5

图 152　结果展示

　　如果是不同的表格，能够进行数据汇总吗？当然可以。以销售表格为例，下面是企业中一年内三种产品的年度销售额，在年底的时候，想要清算每个人的销售额，做一张表格是比较便捷的办法。

　　首先，新建一个表格，建议养成在一个文档下建多个表格的习惯，这样便于分类。就像下图这样，总体是销售表，不同产品的分表格都在其中，点击红框的位置，新建一个工作表。

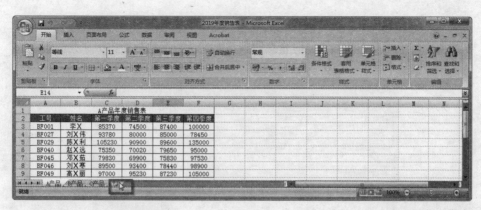

图 153　新建工作表

然后填入需要的信息。

所有产品年度销售额					
工号	姓名	第一季度	第二季度	第三季度	第四季度
BF001	李X				
BF027	刘X伟				
BF029	陈X利				
BF040	赵X远				
BF045	邓X茹				
BF046	刘X寒				
BF049	高X丽				

图 154　基本信息

选定需要填写数据的所有空白单元格，选定后，在数据工具栏的数据工具中找到合并计算选项并点击。

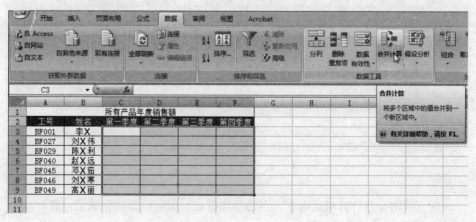

图 155　点击合并计算

点击后会弹出下图这样的合并计算窗口，用鼠标点击图中位置，对话框就会变成引用位置提取小窗格，此时直接跳到需要汇总数据的分表格中。我们直接选择 A 产品表格。

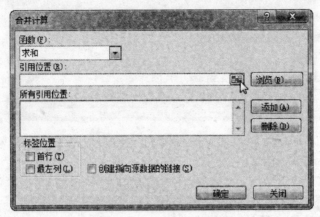

图 156　点击引用位置

在 A 产品界面，直接拖动鼠标，选定所有季度的数据区域，然后再次点击图中鼠标位置。

	A	B	C	D	E	F	G
1			A产品年度销售额				
2	工号	姓名	第一季度	第二季度	第三季度	第四季度	
3	BF001	李X	85370	74500	87400	100000	
4	BF027	刘X伟	93780	80000	85000	78450	
5	BF029	陈X利	105230	90900	89600	135000	
6	BF040	赵X远	75350	70020	79650	95000	
7	BF045	邓X茹	79830	69900	75830	97530	
8	BF046	刘X寒	89500	93400	78440	98900	
9	BF049	高X丽	97000	95230	87230	105000	
10							
11	合并计算 - 引用位置:						
12	A产品!$C$3:$F$9						
13							
14							

A产品 / B产品 / C产品 / 所有产品

图 157　选择位置

在变回的合并计算对话框中，点击添加按钮，引用位置就完成了；然后，再次点击引用位置文本框右侧的抓取按钮。

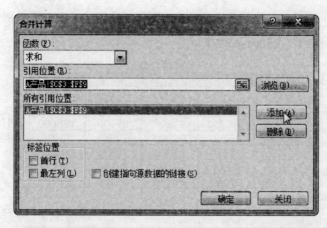

图 158　点击添加

点击后再去 B 产品窗格，重复 A 产品窗格的操作，反复添加，直至所有需要汇总的数据表格添加完成，最后点击确定。

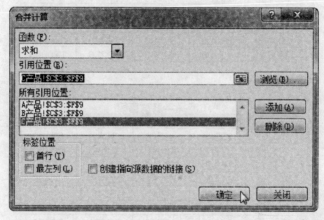

图 159　添加位置

此时，新建所有产品年度销售额就都呈现在新表格中了。

所有产品年度销售额					
工号	姓名	第一季度	第二季度	第三季度	第四季度
BF001	李X	199260	190500	183100	225300
BF027	刘X伟	221210	203400	175300	188250
BF029	陈X利	131280	202790	172600	225900
BF040	赵X远	218180	211420	207180	259400
BF045	邓X茹	194750	148350	156960	197280
BF046	刘X寒	273330	276330	239210	294200
BF049	高X丽	214270	202540	179090	235500

图 160　最终结果展示

仍以不同产品的年度销售额为例。看下图三张表格，会发现个别销售员姓名不同，这时候也可以进行汇总操作。

A产品年度销售额

姓名	第一季度	第二季度	第三季度	第四季度
李X	85370	74500	87400	100000
刘X伟	93780	80000	85000	78450
陈X利	105230	90900	89600	135000
何X赛	75350	70020	79650	95000
邓X茹	79830	69900	75830	97530
刘X寒	89500	93400	78440	98900
高X丽	97000	95230	87230	105000

图 161　A 产品年度销售表

B产品年度销售额

姓名	第一季度	第二季度	第三季度	第四季度
李X	90370	71500	85900	89900
刘X伟	89680	83400	79800	82450
陈X利	10750	90990	56000	73900
何X赛	75350	84020	97530	95000
邓X茹	79620	69750	75830	89700
刘X寒	88000	89530	74840	53000
高X丽	92000	92030	79230	120000

图 162　B 产品年度销售表

C产品年度销售额

姓名	第一季度	第二季度	第三季度	第四季度
李X	23520	44500	9800	35400
刘X伟	37750	40000	10500	27350
陈X利	15300	20900	27000	17000
赵X远	67480	57380	30000	69400
邓X茹	35300	8700	5300	10050
刘X寒	95830	93400	85930	142300
高X丽	25270	15280	12630	10500

图 163　C 产品年度销售表

需要新建一个表格用于数据汇总，只需要把表头填好，然后选定 A3 单元格。

图 164　选定单元格

84

点击数据工具栏数据工具选项中的合并计算，在引用位置一栏的右侧点击抓取按钮，就像之前操作的那样，打开另一个需要汇总的表格，移动光标选定需要汇总的位置。因为人员不同，所以除了数字数据外，名字也要框选在内。

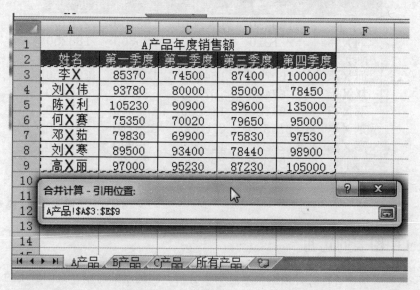

图 165 选择位置

选定位置后再次点击对话框右侧的抓取器，回到合并计算主页面，点击添加，重复这样的操作直到几个表格的数据都抓取添加完成。当所有数据添加完后，点击最左列选项，之后再点击确定。

图 166 勾选最左列

这时再看汇总表格，会发现三张表格中不同销售员的业绩都进行了汇总。

所有产品年度销售额				
姓名	第一季度	第二季度	第三季度	第四季度
李X	199260	190500	183100	225300
刘X伟	221210	203400	175300	188250
陈X利	131280	202790	172600	225900
何X赛	150700	154040	177180	190000
赵X远	67480	57380	30000	69400
邓X茹	194750	148350	156960	197280
刘X寒	273330	276330	239210	294200
高X丽	122270	110510	99860	115500
刘X	92000	92030	79230	120000

图 167　最终结果

Excel 中图表的运用

众所周知，各种统计数据最终是为了分析。在展示的时候，人们所用的 PPT 中会有大量的图表，这些图表直观展现数据，发挥了很大的作用。实际上，Excel 中也可插入更加直观的图表。

插入图表的方法很简单。打开任意一个需要添加图表的工作簿，点击工具栏中的插入选项，我们就能看到图表选项，点击图表菜单右下角的下拉按钮。

图 168　打开创建图表

完整的插入图表对话框里面有各种图表的不同样式，根据需要进行选择即可。

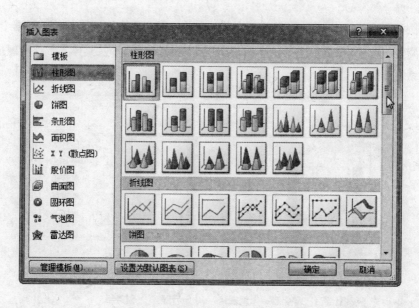

图 169 选择图表

那么多的图表，应该怎么用呢？根据我们需要表现的信息进行选择。不同的图表往往表达的信息也不同。比如，对员工进行学历统计的时候，展示的是部分组成，饼图就比较合适。

员工学历统计					
学历	编辑1部	编辑2部	编辑3部	发行部	财务部
专科	8	5	7	10	9
本科	7	9	5	4	10
硕士	2	3	5	1	2
博士	0	1	0	0	0

图 170 分析数据

可以比较直观地看出专科在每个部门的占比情况。

图 171 生成图表

　　圆环图和饼图的特点差不多，外观上不太一样，具体使用哪一种，根据个人需求调整即可。如果需要进行信息比较，柱形图更加合适，涉及具体人数比对组成，更容易看出区别。

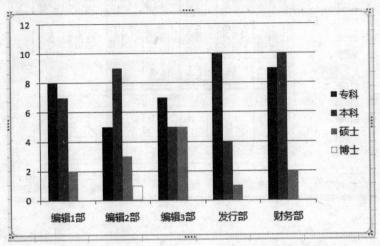

图 172　其他显示方式

　　如果是展现变化趋势，如时间和绩效的关系，就要使用折线图来展现数据变化。

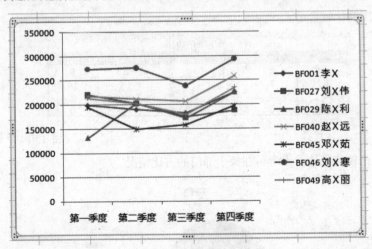

图 173　直观的数据变化

　　简单来说，图表的作用就是让数据变得更加直观，至于选择哪种图表样式，按需取用，没有固定的要求。

　　我们已经掌握了图表的创建，接下来，只要学会调整数据，按需修改图表即可。通常情况下，在需要插入图表的界面选择图表样式后，会自动将整个表格信息生成图表，但有时并不是我们想要的展现形式，此时需要对插入的图表进行设置或修改。

　　举例来说，如果我们想要在所有员工学历统计表中插入饼图，首先选定任意有内容的单元格，然后在插入工具栏的图表菜单中找到饼图的快捷键，点击下拉菜单，选择想要的饼图样式即可。

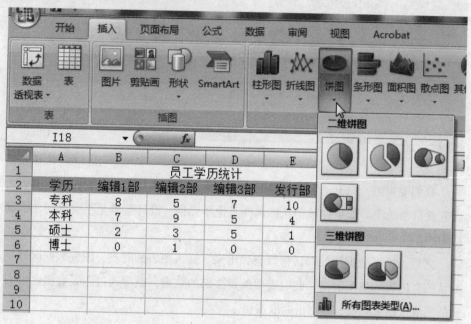

图 174　选择图表样式

　　点击选项后就会出现下图这样的饼图，显然是专科学历在各部门的分布情况。这是默认的数据，但我们只能看到大概，并不能得到具体的百分比。

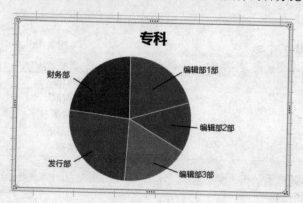

图 175　默认展示

如果想要改变统计对象，比如想要用饼图展示编辑2部的所有学历构成比例，并显示精准数据，就要对这张图进行修改。

首先，在工具栏中找到设计菜单栏，在数据分菜单中找到选择数据选项并点击。

图 176　选择数据

我们要知道，只有选定图表的时候才会出现设计菜单栏，一般在插入图表之后它就自动选定。如果你移动光标选择其他单元格，设计菜单是不会出现在工具栏中的。

之后，选择数据源的对话框就会弹出来。插入图表的时候，图表数据区域是默认的有内容的整个表格，此时需要编辑2部的数据，就要通过图表数据区域右侧的抓取按钮来实现，即点击抓取按钮。

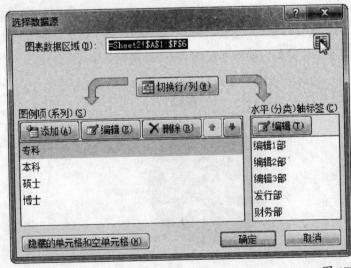

图 177　抓取位置

然后，选择需要的部分，首先是学历。移动光标选定学历，显然编辑2部与之并不相连，此时要按住【Ctrl】键拖动光标，选择编辑2部的内容，再点击选择数据源对话框右侧的抓取按钮，回到上一对话框。

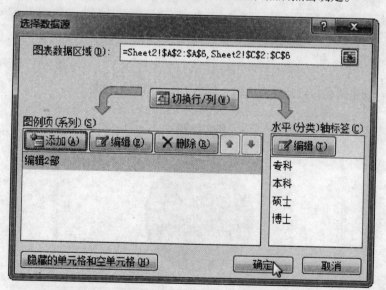

员工学历统计					
学历	编辑1部	编辑2部	编辑3部	发行部	财务部
专科	8	5	7	10	9
本科	7	9	5	4	10
硕士	2	3	5	1	2
博士	0	1	0	0	0

选择数据源

=Sheet2!$A$2:$A$6,Sheet2!$C$2:$C$6

图 178　选择位置

此时要确保图例项是编辑2部，水平（分类）轴标签一栏是学历的具体选项，如果默认图例项是具体的学历选项，编辑2部则处于水平（分类）轴标签一栏，就要点击对话框中的切换行/列按钮调换双方位置，然后点击确定。

选择数据源

图表数据区域(D)：　=Sheet2!$A$2:$A$6,Sheet2!$C$2:$C$6

切换行/列(W)

图例项（系列）(S)
添加(A)　编辑(E)　✕ 删除(R)

编辑2部

水平（分类）轴标签(C)
编辑(T)

专科
本科
硕士
博士

隐藏的单元格和空单元格(H)　　确定　　取消

图 179　点击确定

接下来，可以看到下面这张图表。这张图表只是默认样式，没有具体的数值，因此，想要显示具体数值，还要进行下一步操作。

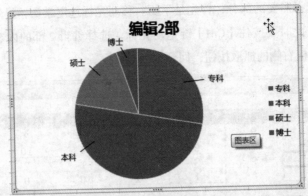

图 180　比例展示

选定图表，点击设计菜单，找到图表布局选项，然后按照想要的样式进行选择，带"%"的选项就是显示具体比例数值的选项，如选择第一个，单击左键。

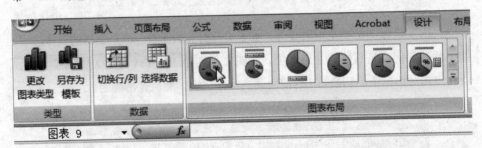

图 181　选择布局

再看这张图表，已经成为编辑 2 部员工学历具体构成图了。

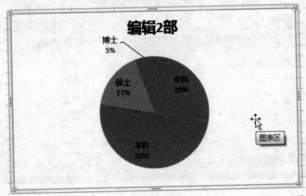

图 182　效果展示

如果想要修改图表形式，也很简单。只要选定图表，在设计工具栏的类型菜单中就能找到更改图表类型的选项，单击。

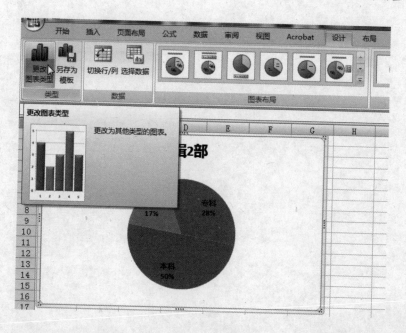

图 183 更改图表类型

单击会弹出更改图表类型，重新选择图表样式就可以，数据不会格式化成最初的，仍会是之前填写的数据和形式，只是表格样式改变了而已。

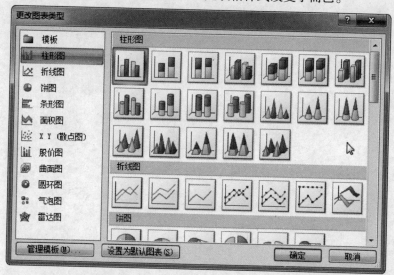

图 184 选择图表类型

掌握了上面的这些技能，制作基本的图表就不会成为问题。针对不同的表格数据制作不同图表遇到的问题，在接下来的实际操作中会具体讲解。

第二章

运用 Excel，让招聘变得更简单

企业在发展过程中需要不断注入新鲜的血液，以保障企业的繁荣。企业对人才的需求可以用求贤若渴来形容，但并非有多少人才就招揽多少，要按需招聘，并且按照企业需求有针对性地招聘，并保证招聘的人员能够和职位匹配，得到合理安置。这一章主要介绍如何用Excel帮你简化招聘流程。

01. 招聘前的必备工作

用 Excel 简化招聘流程

1. 制作招聘流程图

企业招聘开始时，会面对大量的求职者，想要尽可能缩短招聘周期，一开始就要做好准备，确定招聘流程。这就需要制作招聘流程图，直观且高效。

制作一个流程图，首先需要新建一个空白的 Excel 表格，然后把各部门的分工写在表头，调整好列宽，以便绘图。列宽可以直接选定一列后，在单元格格式中设定，或者直接将光标移动到列序之间的位置，按住左键左右移动来调整。

招聘流程		
用人部门	人力资源部	企业高管

图 185　填写表头

预计流程图的长短，然后将用人部门下面需要合并的单元格选定，点击工具栏中的合并后居中。同样的操作在人力资源部和企业高管等列重复操作。

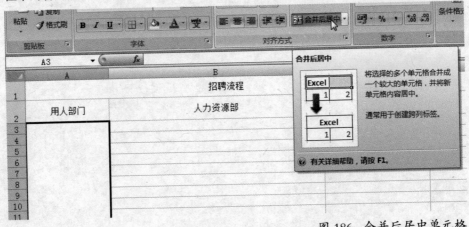

图 186　合并后居中单元格

　　这样一来，我们就得到一个相对干净的表格了，之后要对表格进行设置。首先，选定表头，在开始工具栏的边框下拉菜单中找到外侧框线选项，点击确定，这样就有了表头外侧的框线。

图 187　添加框线

　　接着，再选定表头下方部分，点击绘制边框下拉菜单，从中选择其他边框，并点击确定。

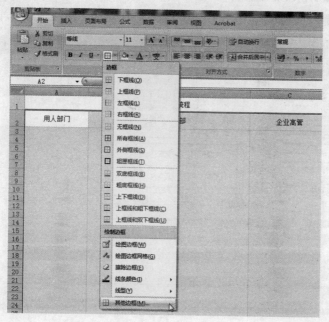

图 188　点击其他边框

点击确定后，弹出设置单元格格式菜单，首先点击外边框，在下面可以看到效果图。

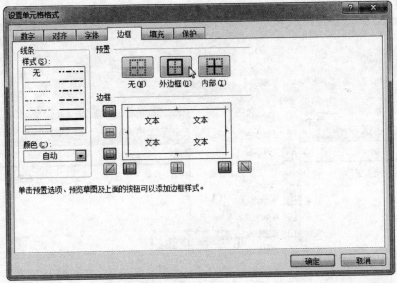

图 189　选择外边框

为了便于表格内部有分隔但内容更加清晰，先在线条样式一栏选择一种虚线，然后再点击预置中的内部选项，在效果图中可以看到内部框线已经变成虚线，再点击确定。

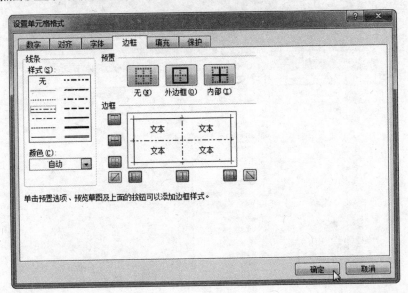

图 190　添加内边框

　　表格框架设置好之后，就可以把各个流程加入其中。在插入工具栏中找到形状，点击下拉菜单找到流程图分菜单，然后选择一个形状点击左键。

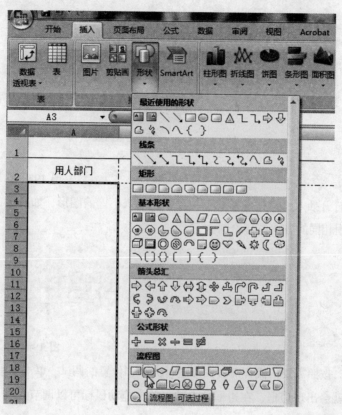

图 191　选择形状

　　之后，光标移动到单元格中就会变成黑色的"+"，按住左键拖动，图形就出来了。

图 192　添加形状

99

　　根据所需的流程步骤，按快捷键【Ctrl+C】复制图形，然后不断【Ctrl+V】粘贴，根据需要的步骤数量复制粘贴。

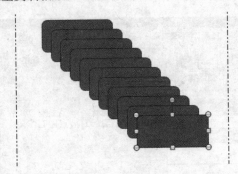

图 193　批量添加形状

　　再次打开插入工具栏的形状下拉菜单，加入不同的图形，如决策，用于不同的环节，用相同的方法进行绘制。

图 194　添加不同模块

　　之后，按照需要的流程对各图形进行大小和位置的调试。单击其中一个图形，图形周围就会出现边框，在边框角上的点单击拖动鼠标可以调节大小，单击图形中间拖动可以调整位置。

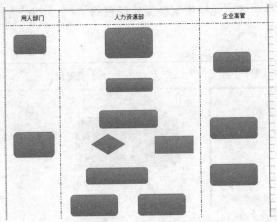

图 195　排列位置

接下来，要在各环节加入箭头表示其过程。箭头图案依旧在形状下拉菜单中，我们可以看到各种形式和方向的箭头，选择你需要的选项即可。

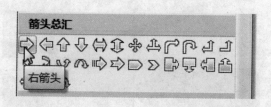

图 196　选择箭头

同样，选定之后，光标移动到单元格后，拖动"+"标志绘制箭头。

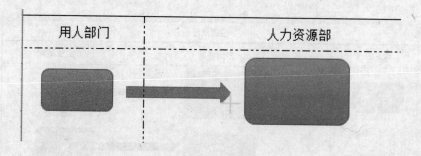

图 197　添加箭头

布局的时候，有些位置需要转弯的箭头，但方向不对，要对其调整。首先，绘制箭头，然后将光标移至图形最上方（下图所示的位置），直到光标变成旋转符号为止。

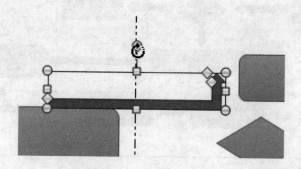

图 198　调整箭头

当光标变成旋转符号时，按住鼠标左键拖动，会实现图形的旋转。如果是翻转的话，将光标移至图形上方（下图绿点下的位置）向下拉，就会实现箭头位置的翻转。

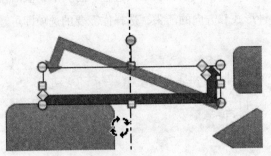

图 199 旋转箭头

不断加入箭头，调整位置，我们流程图的雏形就形成了。

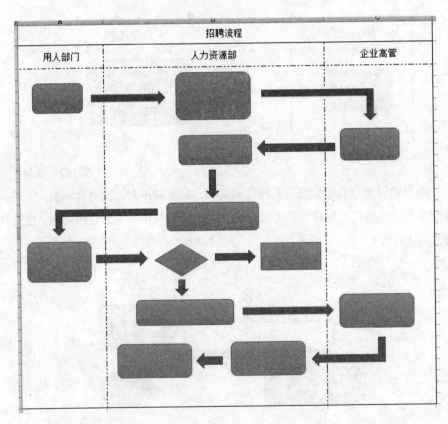

图 200 完成布局

接着，依次加入内容。在需要加入内容的流程图上单击右键，在下拉菜单中
点击编辑文字选项，然后在图形中输入文字。在工具栏的开始菜单中，可以对输

入文本的字体以及格式进行调整。

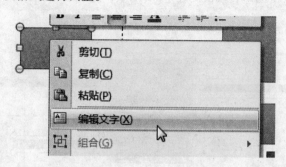

图 201　点击编辑文字

　　当所有内容输入完成后，就能得到一张下图所示的招聘流程图的雏形了。显然，各个形状的颜色、样式并不统一，不够美观，一个一个进行调整设置比较麻烦，需要更加简便的操作。

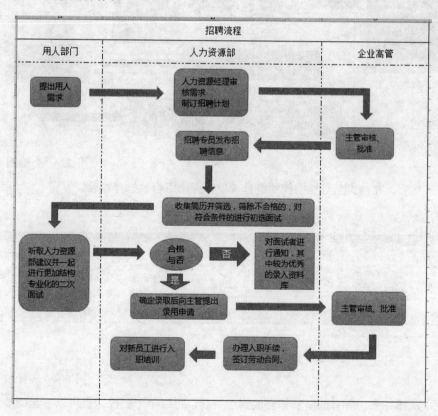

图 202　添加文字，调整图形

103

选定任意一个图形，按快捷键【Ctrl+A】，选中所有图形。

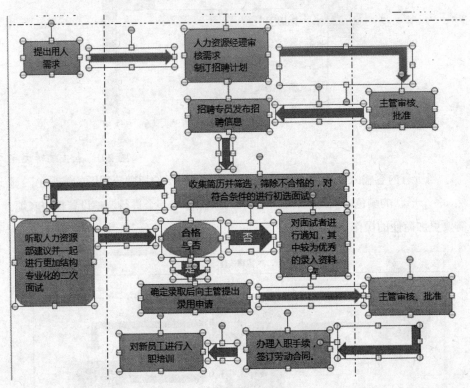

图 203 　全选图形

然后，在格式工具栏中找到组合选项，点击组合，选择组合。

图 204 　选择组合

这样一来，所有的图形都合成到了一起，可以单个更改，也可以一起调整。

点击一个部分，当选定框框住所有图形的时候，就可以在格式选项中选择形状、样式，以达到格式统一，让流程图更加美观。这样，一张招聘流程图就完成了。

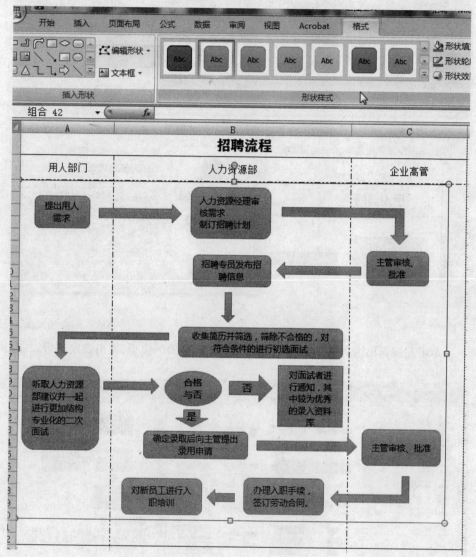

图 205　调整格式

2. 用 SmartArt 模板制作简易流程图

当你需要的流程图很简单的时候，还有另一种比较便捷的方法，就是直接使用 SmartArt 模板。找到插入工具栏中的插图菜单，可以看到 SmartArt 选项。比如，进行内部招聘，流程就简洁了很多，可以使用 SmartArt 模板。

首先，创建一个新文档，然后在插入工具栏的插图菜单中选择 SmartArt 选项。

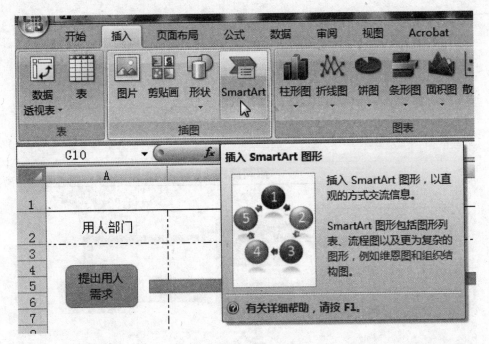

图 206　点击 SmartArt

单击左键调出选择SmartArt对话框,然后选择需要的模板,点击确定进行添加。

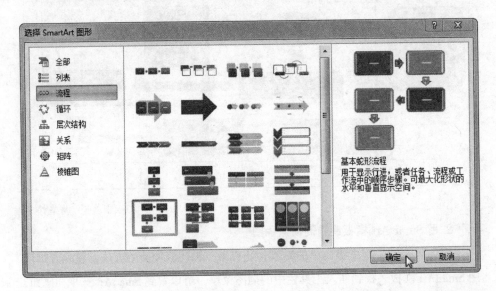

图 207　选择图表形式

添加完成后,下图中的模板自动出现在表格中。如果我们需要 6 个步骤,模

板的 5 个文本框显然不够用，此时在设计工具栏中找到添加形状选项，单击弹出
下拉菜单，点击在后面添加形状或在前面添加形状即可。

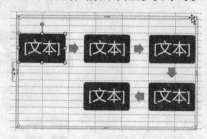

图 208　编辑文字

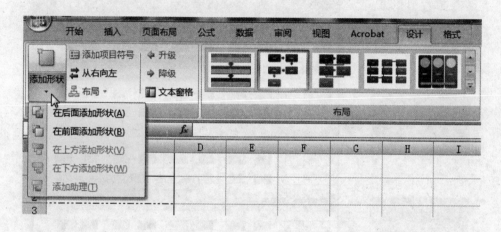

图 209　添加形状

我们可以看到原来的 5 个文本框变成 6 个。如果只需少量的文本框，选定一
个直接按【Delete】键就可以直接删除多余的文本框了。

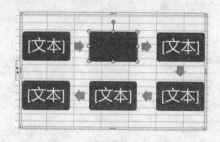

图 210　插入合适位置

单击文本框输入文字，与之前的操作一样，可以在开始工具栏中对文字的格
式和样式进行调整。最后，可以在设计工具栏中对已完成的流程图进行样式修改，

107

达到美观和统一的目的。

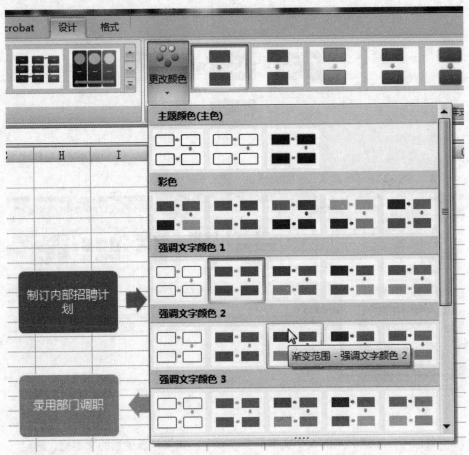

图 211　更改颜色

下面是简易版的招聘流程图。

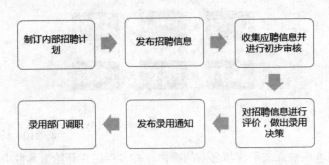

图 212　最终效果展示

常见招聘用的各类申请表

1. 招聘需求申请表

人力资源部是为企业各部门招兵买马的。当用人部门提出人员增补的需求后，HR 必须第一时间掌握这个部门需要招纳多少人，这些人有没有必要增加，有哪些具体的招聘要求，这样才好系统地进行招聘工作。

因此，HR 要制作一张比较全面而具体的人员增补需求表，这样可以统一掌握各部门的用人需求。

首先，新建一张空白表格，填入需要填写的基本信息，并设置好基本格式。

人员增补需求表					
用人部门		招聘职位		需求人数	
申请原因	扩招	补充	工作性质	到岗日期	
	储备	其他	全职	兼职	
应聘条件资格	年龄				
	学历				
	工作经验				
	办公地点				
	岗位职责				
	任职要求				
	特殊备注				
部门负责人签名			主管审批	是	否

图 213 人员增补需求表

然后，为了便于观看，要在应聘条件资格一栏加入序号，即在应聘条件资格后面插入空白列。

		人员增补需求表		
用人部门		招聘职位		
申请原因		扩招	补充	工作性质
		储备	其他	全职 兼职
应聘条件资格		年龄		
		学历		
		工作经验		
		办公地点		
		岗位职责		
		任职要求		
		特殊备注		
部门负责人签名			主管审批	

图 214 插入列

然后，将空白列的列宽调窄，把不需要的部分和其他表格合并居中，如下图所示。

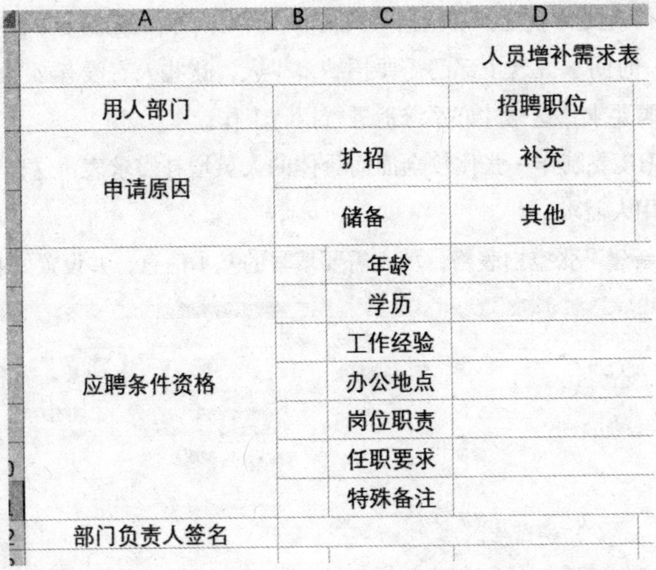

图 215　调整位置格式

这时，在第一个条件前填写序号 1，然后将光标移动到单元格右下角，待其变成"+"的时候，按住鼠标左键下拉。

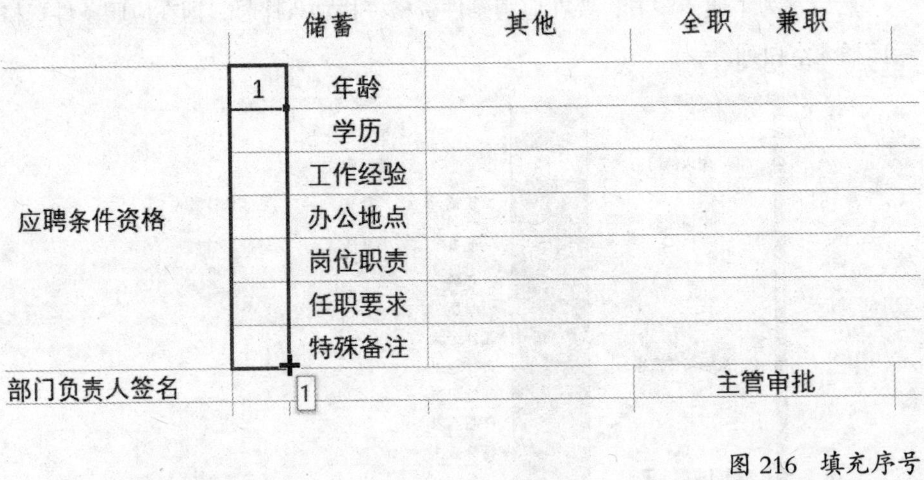

图 216　填充序号

默认是复制单元格，此时找到单元格边上的下拉选项菜单，选择填充序列选项。

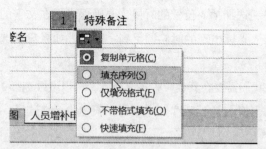

图 217 选择填充序列

序号填写完成后，要进一步加工表格。为了便捷选择选项，要在具体选项前加入可以打"√"的小方框。首先，选择需要加入小方框的位置，然后在插入工具栏中找到符号选项并单击。

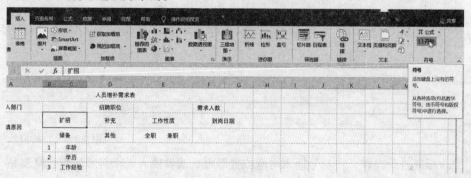

图 218 点击符号

在弹出的对话框中，在字体文本框中找到"Wingdings"选项，然后在下面找到小方框符号，选择后点击插入。

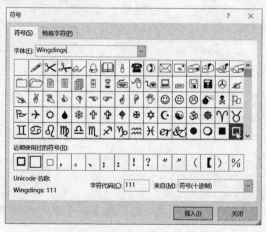

图 219 选择方框

111

需要注意的是，选择插入位置的时候，要确保光标在文字的前面，也就是要双击单元格。当输入光标出现的时候调整到字段前，如果只是选定单元格，符号默认插入字段后面。

插入完成后，我们需要在其他位置重复插入，可以继续选择工具栏的插入符号选项。此时会有近期使用过的符号，之前选择的符号也会在这里，不需要重复寻找。

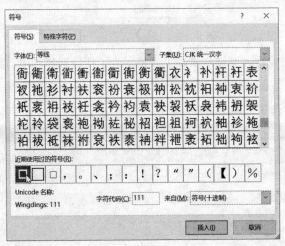

图 220　点击插入

反复进行操作，将符号插入对应位置即可，或者插入一个符号后进行复制粘贴的操作，填写完成后就是下图这样的效果。

□扩招		□补充	工作性质		到岗日期	
□储备		□其他	□全职	□兼职		
1	年龄					
2	学历					
3	工作经验					
4	办公地点					
5	岗位职责					
6	任职要求					
7	特殊备注					
			主管审批	□是	□否	

图 221　插入符号后效果

接下来，整体选定表格，在开始工具栏的字体菜单中找到边框下拉菜单，点击所有框线选项，这样表格框架就一次性地绘制完成了。

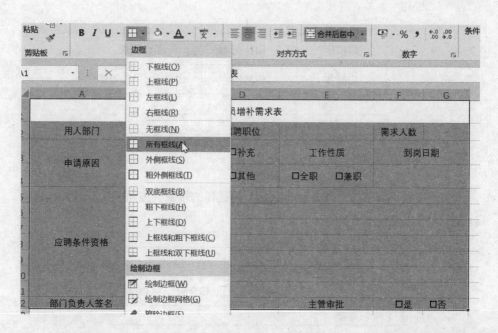

图 222　添加框线

然后，打开边框下拉菜单，在绘制边框选项中点击擦除边框。

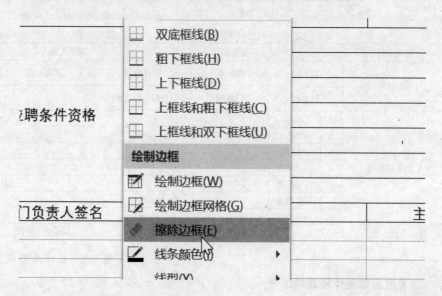

图 223　点击擦除边框

单击后，光标变成橡皮擦的符号，此时将其移动到需要擦除的位置，然后单击鼠标左键，擦除不需要的框线。

□扩招		□补充	工作性质	
□储备		□其他	□全职	□兼职
1	年龄			
2	学历			
3	工作经验			

图 224 擦除边框

擦除所有不需要的框线之后，就是下图这样的效果。擦除框线不会影响字体位置，还会让图表更加美观。

□扩招		□补充	工作性质	
□储备		□其他	□全职	□兼职
1	年龄			

图 225 擦除后效果

所有操作完成后，一张完整、美观的人员增补需求表就完成了。

人员增补需求表						
用人部门			招聘职位		需求人数	
申请原因		□扩招	□补充	工作性质	到岗日期	
		□储备	□其他	□全职 □兼职		
应聘条件资格	1	年龄				
	2	学历				
	3	工作经验				
	4	办公地点				
	5	岗位职责				
	6	任职要求				
	7	特殊备注				
部门负责人签名			主管审批	□是 □否		

图 226 最终表格效果

2. 善用函数制作预算申请表

HR 招聘的渠道很多，大部分会通过固定的招聘网站发布信息，有时候也去人才市场或大学校园招聘。涉及线下活动时，一般会有很多开销，尤其是异地招聘，这时就需要提前做好招聘费用预算表，以确保招聘前的准备工作做到位。

一般来讲，招聘预算表由两部分组成，一是招聘的基本信息栏，二是具体的预算。新建一张工作表，然后将具体的信息以及涉及的费用填写进去。

招聘预算表		
时间		
地点		
负责人		
费用预算		
1	场地费、家具租用费	5000
2	宣传广告费（海报、宣传册）	3500
3	资料印制费	200
4	食宿费	600
5	交通费	150
合计		
预算审核签字	主管审批签字	

图 227　招聘预算表

可以看到，因为单元格行宽的问题，有的字段自动换行，如果想要人为截断换行，可以双击单元格，将光标移至需要换行的位置，然后按住 Alt 键的同时单击回车键即可。

合计		
预算审核 签字	主管审批 签字	

图 228　调整文字布局

换好行之后，按照之前所学，美化表格，绘制框线。

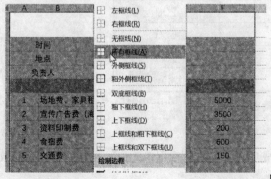

图 229　添加框线

计算合计的总数时，首先将光标移至合计的单元格选定，然后在公式工具栏中找到自动求和选项，单击。

图 230　点击求和

单击后的单元格如下图所示，自动选择了需要计算的区域，点击回车键即可。

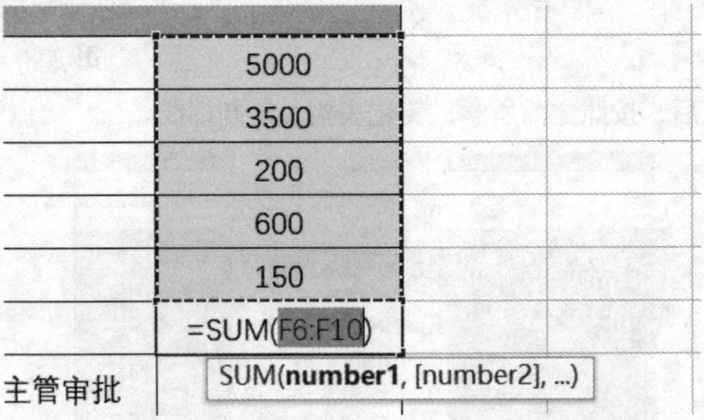

图 231　选择求和区域

求和计算完成后，选定所有费用单元格，在开始工具栏的数字选项中下拉菜单，选择货币选项。

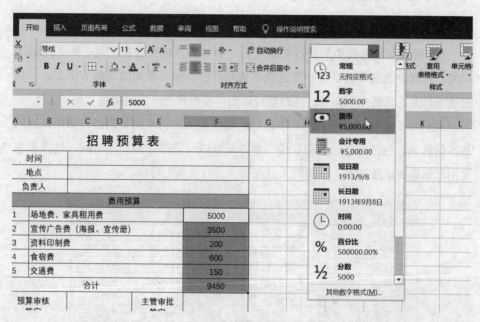

图 232 选择货币显示效果

一张招聘预算表就这样完成了。

招聘预算表		
时间		
地点		
负责人		
费用预算		
1	场地费、家具租用费	¥5,000.00
2	宣传广告费（海报、宣传册）	¥3,500.00
3	资料印制费	¥200.00
4	食宿费	¥600.00
5	交通费	¥150.00
合计		¥9,450.00
预算审核 签字	主管审批 签字	

图 233 最终表格

117

用各种表格完成信息管理

1. 面试通知书的制作

HR 接到海量的简历后经过初步筛选，会有多人将要参加面试。除了电话通知外，正规企业通常还会统一发送面试通知邮件。如果参加面试的人很多，一封封地编辑发送显然并不高效，这时就可以制作模板来统一发送邮件。

我们需要整理出求职者的基本信息。筛选简历之初，就要制作一张面试人的基本信息表，包括姓名、应聘职位、邮件地址以及安排好的面试时间。这张表主要用于制作面试通知书，不需要太过花哨，没有表头也可以。

A 姓名	B 学历	C 应聘职位	D 联系方式	E 面试时间
李茹	硕士	主任	136123★★★11	5月6日
程潇	专科	策划编辑	134312★★★46	5月6日
李佳晨	专科	发行经理	185537★★★77	5月6日
陈海波	专科	发行助理	176663★★★38	5月6日
陈伟利	专科	行政主管	156124★★★15	5月6日
邓翠茹	本科	网管	134353★★★64	5月6日
周鹤	本科	后勤主管	158002★★★77	5月6日
赵程远	专科	人事经理	186738★★★56	5月6日
何爽	专科	培训专员	156413★★★52	5月6日
刘晨	硕士	招聘专员	158273★★★52	5月6日
赵廷伟	硕士	人事专员	132056★★★11	5月7日
钱爱爱	专科	会计	137005★★★63	5月7日
刘丽	专科	出纳	132111★★★38	5月7日
刘诗诗	专科	责任编辑	156035★★★54	5月7日
吴雪丽	专科	责任编辑	158273★★★33	5月7日

图 234 求职者信息

然后，新建一个 Word 文档，编辑面试通知书模板。

面试通知书↵

先生/小姐：↵

感谢您对本公司的关注与支持，您投递的关于　　　　　职位的应聘简历已通过初步筛选，请您于　　　　携带简历、毕业证书以及身份证来我司面试，祝成功！↵

XX人力资源部↵

2020 年 4 月 30 日↵

图 235 面试通知书模板

接下来，在 Word 文档的邮件工具栏中找到选择收件人下拉菜单，选择使用现有列表。

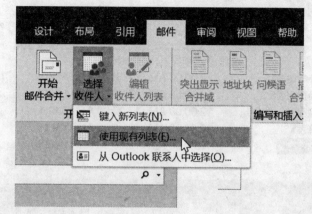

图 236 选择使用现有列表

选择后会弹出下方图片中的对话框，选择刚刚制作过的含有面试通知信息的表格文件，点击打开。

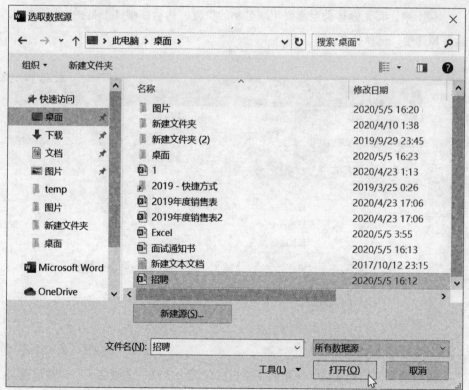

图 237 选择数据源文档

119

紧接着,会弹出表格中所含子文件的选择对话框,选择相应的文件,点击确定。

图 238 点击确定

接下来,将光标移动至需要填写名字的位置,然后在邮件工具栏中找到插入合并域选项,选择姓名。

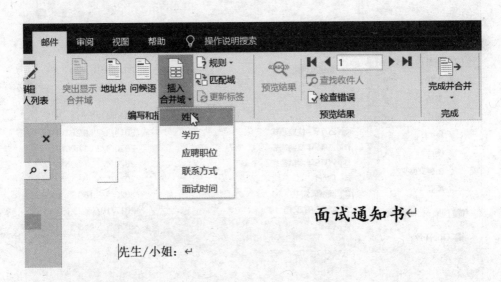

图 239 插入合并域

可以看到,选择之后,原来名字空白的位置会出现"《姓名》",然后重复之前的操作,将需要填写的应聘职位以及面试时间通过插入合并域添加。

面试通知书↵

《姓名》先生/小姐：↵

感谢您对本公司的关注与支持，您投递的关于 《应聘职位》 职位的应聘简历已通过初步筛选，请您于《面试时间》携带简历、毕业证书以及身份证来我司面试，祝成功！↵

XX 人力资源部↵

2020 年 4 月 30 日↵

图 240　依次添加合并域

完成这一步操作后，我们可以进行预览。在邮件工具栏中找到完成并合并选项，调出下拉菜单，选择打印文档。

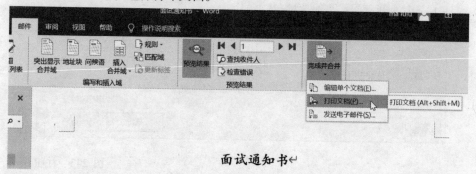

面试通知书↵

图 241　预览效果

在弹出的对话框中选择全部，点击确定。

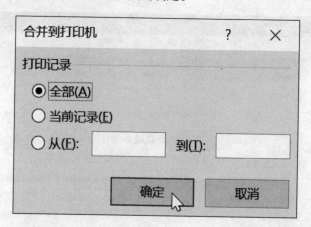

图 242　选择全部,点击确定

弹出打印对话框后，如果需要邮寄或传真，那么选择打印，如果不需要，可以取消这一步操作。

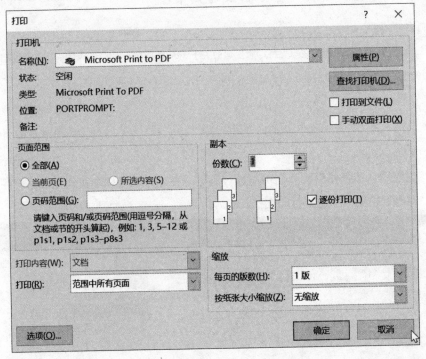

图 243 打印设定

我们可以在邮件工具栏中单击预览结果的选项，原来插入合并域的位置自然生成下图中的样子。

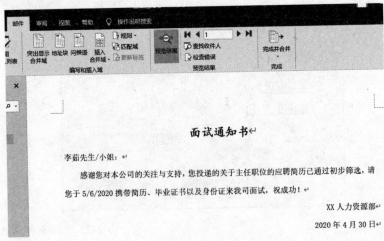

图 244 预览效果

点击预览结果右侧的三角按钮，可以预览其他人的信息，也就是说，所有的信息已经成功添加。

面试通知书↵

程潇先生/小姐：↵

感谢您对本公司的关注与支持，您投递的关于策划编辑职位的应聘简历已通过初步筛选，请您于 5/6/2020 携带简历、毕业证书以及身份证来我司面试，祝成功！↵

XX 人力资源部↵

2020 年 4 月 30 日↵

图 245　多人信息查询

最后，就是将面试通知以邮件的形式发送出去。在邮件工具栏中找到完成并合并选项，调出下拉菜单，点击发送电子邮件。这里要提前把每个人的邮件信息填入面试通知信息的表格。

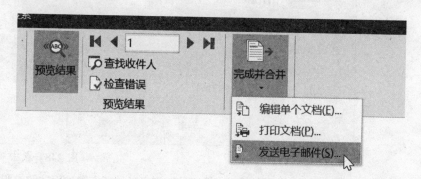

图 246　发送电子邮件

在弹出的合并到电子邮件中，点击收件人选项，出现邮箱地址，点击选择。

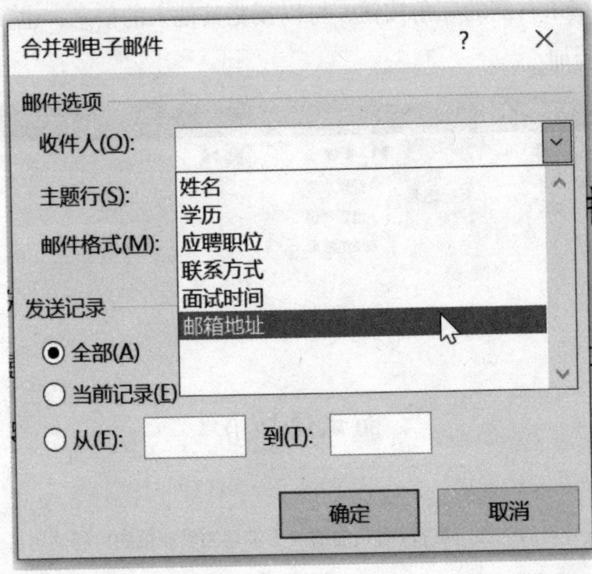

图 247 添加邮箱地址

在主题行文本框中输入面试通知，发送记录选择全部，点击确定。

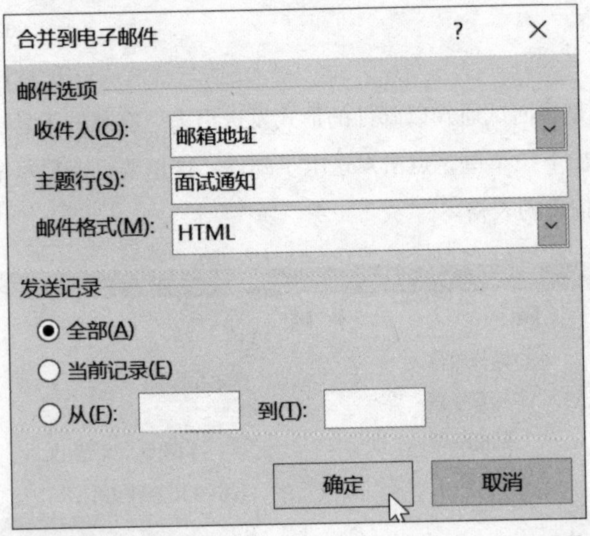

图 248 点击确定

这样一来，电脑系统就会通过 outlook 将面试通知发送给所有参加面试的求职者。

2. 统一应聘者信息

发布招聘信息之后，应聘者发来或自带的简历模板都是不统一的。面对大量的求职信息，我们很难高效地对其进行比较处理，这样 HR 就要根据企业需求制作一张应聘登记表，在求职者前来面试的时候，按照统一模板进行登记，有助于 HR 后续信息的比对、统计。

简单来说，应聘信息登记表可以理解为一张企业需要的简历模板。

首先，新建一个空白的工作簿，然后将大致信息填入其中，调试位置。

应聘登记表						
姓名		年龄		应聘职位		照片
性别		居住地		婚姻状况		
学历	博士	硕士				
	本科	专科	毕业院校		所学专业	
身份证号			联系方式			
家庭成员	关系	姓名	工作单位		职务	联系方式
工作经历						
时间		单位名称		职位	具体职务	
特殊技能备注（技能、证书）						

图 249　应聘登记表内容

信息填入完成后，需要对单元格格式进行调试，如行高、列宽以及需要合并的单元格，没有具体要求，只需美观即可。调试好格式后，选定单元格，然后添加边框。

图 250　添加框线

125

因为这张表格需要打印出供人填写，也是企业的门面，所以要对表格进一步美化，把表头字体按需设置。选中表头，在开始工具栏中调出字体对话框，统一设置。

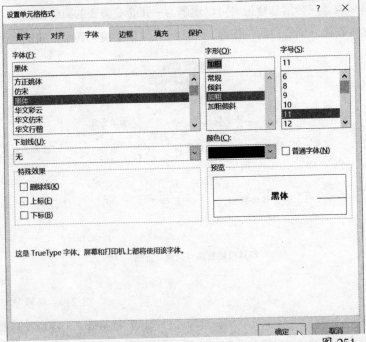

图 251　设置字体

表头设置好后，可以看到照片栏中的字体竖排会更加美观。选定照片单元格，然后在开始工具栏中找到方向选项，调出下拉菜单，选择竖排文字。

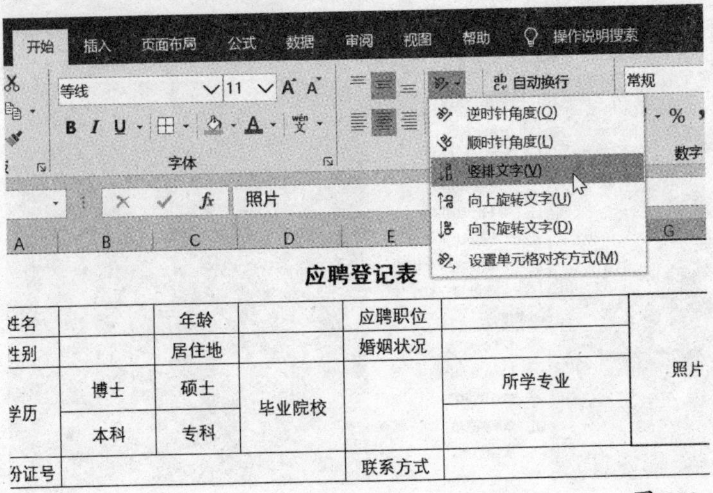

图 252　竖排文字

调试完后，整体更加协调。最后，按照之前学过的，在需要选择的位置插入小方框，然后擦除不需要的框线，就得到一张完整而美观的应聘信息登记表了。

应聘登记表

姓名		年龄		应聘职位		照片
性别		居住地		婚姻状况		
学历	□博士	□硕士	毕业院校	所学专业		
	□本科	□专科				
身份证号				联系方式		
家庭成员	姓名	职务	工作单位	联系方式		关系
工作经历						
时间		单位名称		职位	具体职务	
特殊技能备注（技能、证书）						

图 253　应聘登记表

02. 面试常见表格制作

面试人员管理

1. 制作面试签到单

面试开始时，会有大量的求职者，HR 很难知晓是否所有收到面试通知单的人都会参与，因此需要提前制作一张应聘者签到单，这样才能第一时间掌握前来应聘人员的具体信息，事后也便于对面试率进行分析。

签到单制作非常简单，只需填入基本信息就可以了。

					签到单		
序号	姓名	签到	时间	联系方式		备注	
01	李X						
02	程X						
03	李X晨						
04	陈X波						
05	陈X利						
06	邓X茹						
07	周X						
08	赵X远						
09	何X						
10	刘X						
11	赵X伟						
12	钱X爱						
13	刘X						
14	刘X诗						
15	吴X丽						
16	何X赛						
17	孙X菲						

图 254　空白签到单

序号操作之前就已学习，选定单元格后，在开始菜单的数字工具栏中选择文本，然后输入序号"01"，拖动鼠标至单元格右下角，待其变成"+"后，通过下拉一次完成序号填充。

如果面试需要持续几天，每天的签到单就要标注日期，可以在表头加入日期选项。首先，选定表头单元格，然后在开始工具栏的对齐方式一栏中选择鼠标点击的位置，也就是顶端对齐。

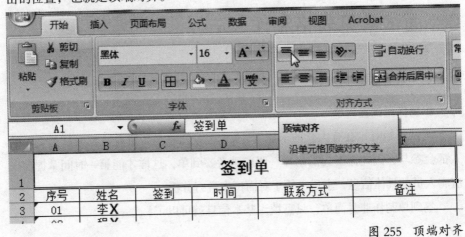

图 255　顶端对齐

当"签到单"三个字在顶端之后，按住【Alt】+回车键组合，然后更改第二行字号大小，在英文输入状态下按【Shift】加主键盘上的减号按键，打出下划线，通过空格调整日期模板位置即可。

序号	姓名	签到	时间	联系方式	备注
					____月____日
01	李X				
02	程X				
03	李X晨				
04	陈X波				
05	陈X利				
06	邓X茹				
07	周X				
08	赵X远				
09	何X				
10	刘X				
11	赵X伟				
12	钱X爱				
13	刘X				
14	刘X诗				
15	吴X丽				
16	何X赛				
17	孙X菲				
18	刘X伟				
19	陈X				
20	刘X寒				
21	马X东				
22	高X丽				
23	王X				
24	李X丽				
25	赫X娜				

签到单

图 256　添加日期

2. 设置面试人员顺序

面试人员前来签到后，很多时候，面试顺序并非按列表顺序来的。这是为了公平起见，HR 随机生成了面试顺序。

首先，要知道参加面试的人数，将光标移动至名字最下方的空白单元格，点击选定后，在公式工具栏中点击插入函数。

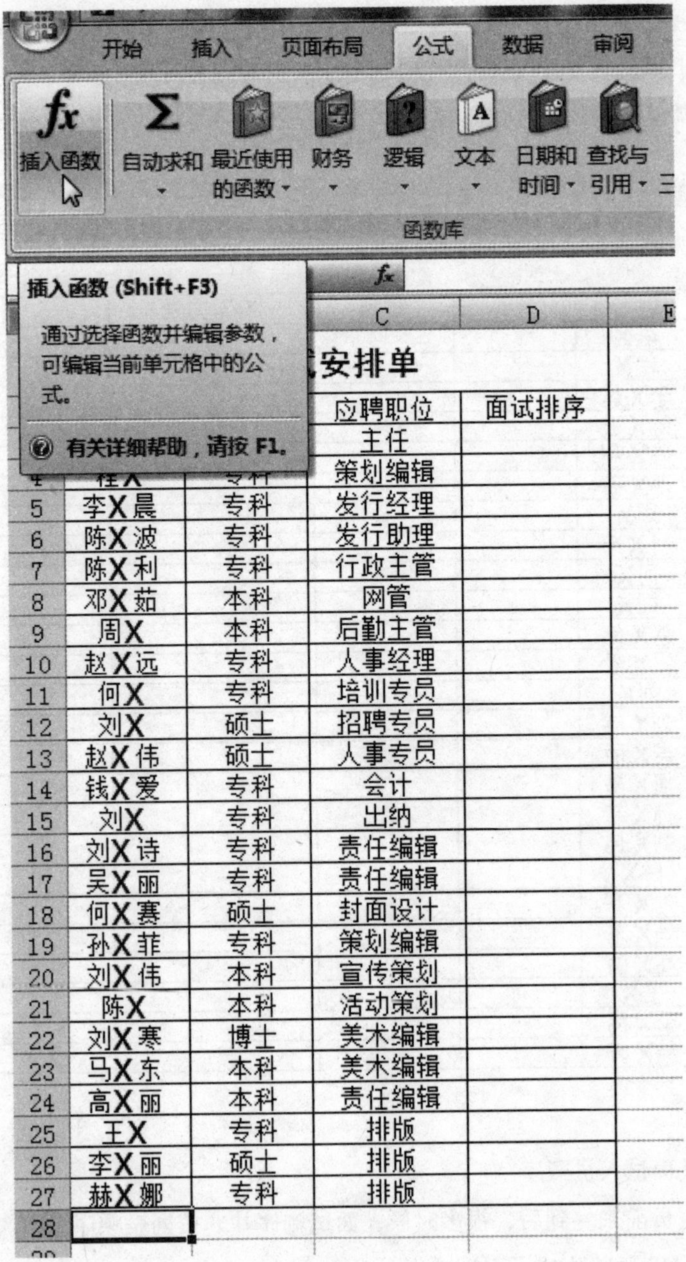

图 257　插入函数

在弹出的插入函数对话框中，在或选择类别处选择统计，在分菜单下选择
COUNTA 函数，点击确定。

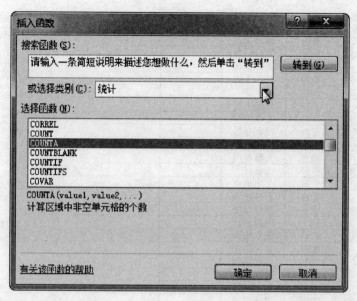

图 258　使用 COUNTA 函数

接下来会弹出函数参数对话框。点击下图中光标所选的位置，也就是引用位置提取按钮，点击确定。

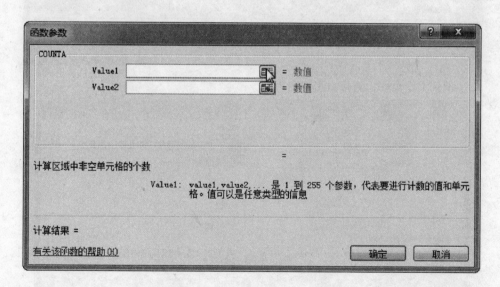

图 259　点击位置提取按钮

然后，按住光标并移动，选定第一到最后一个的所有名字，再点击引用位置提取按钮。

131

	姓名	学历	应聘职位	面试排序				
2								
3	李X	硕士	主任					
4	程X	专科	策划编辑					
5	李X晨	专科	发行经理					
6	陈X波	专科	发行助理					
7	陈X利	专科	行政主管					
8	邓X茹	本科	网管					
9	周X	本科	后勤主管					
10	赵X远	专科	人事经理					
11	何X	专科	培训专员					
12	刘X	硕士	招聘专员					
13	赵X伟	硕士	人事专员					
14	钱X爱	专科	会计					
15	刘X	专科	出纳					
16	刘X诗	专科	责任编辑					
17	吴X丽	专科	责任编辑					
18	何X赛	硕士	封面设计					
19	孙X菲	专科	策划编辑					
20	刘X伟	本科	宣传策划					
21	陈X	本科	活动策划					
22	刘X寒	博士	美术编辑					
23	马X东	本科	美术编辑					
24	高X丽	本科	责任编辑					
25	王X	专科	排版					
26	李X丽	硕士	排版					
27	赫X娜	专科	排版					
28	:3:A27)							

函数参数

A3:A27

图 260 选择引用区域

回到上个页面，直接点击确定。

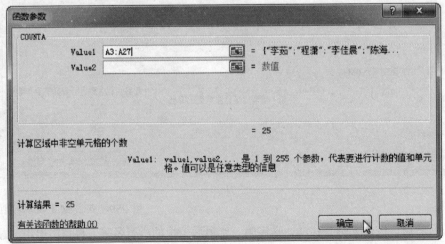

图 261 点击确定

可以看到，人数已经统计在列表下方刚刚选定的位置了。

20	刘X伟	本科	宣传策划	
21	陈X	本科	活动策划	
22	刘X寒	博士	美术编辑	
23	马X东	本科	美术编辑	
24	高X丽	本科	责任编辑	
25	王X	专科	排版	
26	李X丽	硕士	排版	
27	赫X娜	专科	排版	
28	25			
29				

图 262　人员总数

另一种更加便捷的方法是，直接在选定的单元格中输入"=COUNTA(A3: A27)"（括号中的数字是要统计的第一个单元格位置到最后一个单元格位置），然后直接按回车键。

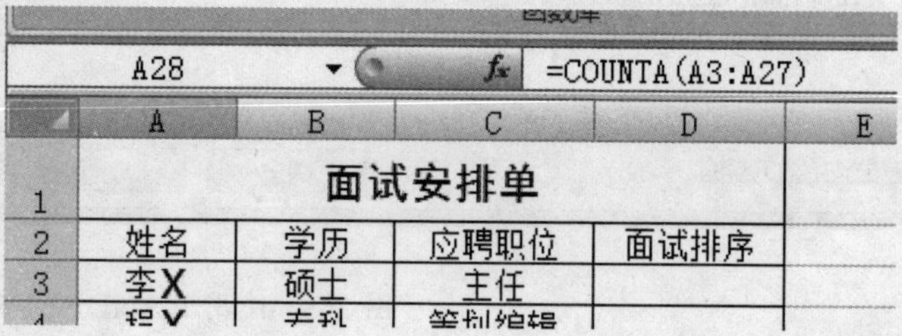

图 263　输入函数

人数统计完成后，我们要进行排序。首先，选定面试排序下的第一个单元格，然后点击公式工具栏下的插入函数选项。

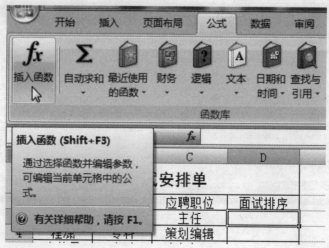

图 264　插入函数

在弹出的对话框中，选择数学与三角函数类别，具体选择 RANDBETWEEN 函数选项。

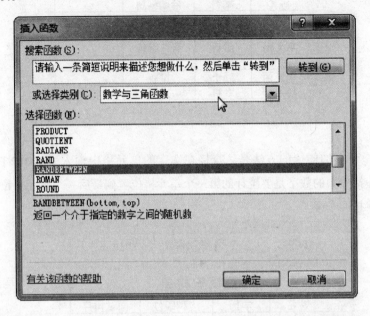

图 265　使用 RANDBETWEEN 函数

在弹出的函数参数对话框中，Bottom 填写 1，Top 填写最大值，一共 25 个人，就填写 25，然后点击确定。

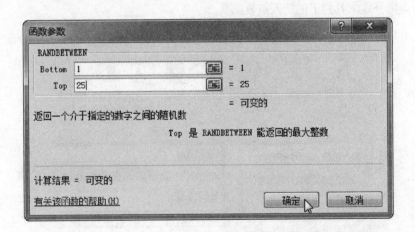

图 266　设定数值点击确定

将光标移至选定单元格右下方，待其变成"+"后，按住鼠标下拉到最后一格，随机顺序就出来了。这里也可以直接在单元格中键入 "=RANDBETWEEN(1,25)" 来操作，更加便捷。要注意的是，括号要在英语输入法状态下，最小值和最大值之间用逗号隔开。之后只需按照面试顺序安排就可以了。

面试安排单

姓名	学历	应聘职位	面试排序
李X	硕士	主任	11
程X	专科	策划编辑	23
李X晨	专科	发行经理	10
陈X波	专科	发行助理	21
陈X利	专科	行政主管	7
邓X茹	本科	网管	23
周X	本科	后勤主管	18
赵X远	专科	人事经理	25
何X	专科	培训专员	4
刘X	硕士	招聘专员	6
赵X伟	硕士	人事专员	16
钱X爱	专科	会计	22
刘X	专科	出纳	5
刘X诗	专科	责任编辑	13
吴X丽	专科	责任编辑	16
何X赛	硕士	封面设计	13
孙X菲	专科	策划编辑	7
刘X伟	本科	宣传策划	1
陈X	本科	活动策划	4
刘X寒	博士	美术编辑	11
马X东	本科	美术编辑	18
高X丽	本科	责任编辑	7
王X	专科	排版	24
李X丽	硕士	排版	2
赫X娜	专科	排版	7
25			

图 267 下拉填充数值

不过，如果是一个人一个人进行面试，这种排序有个弊端，那就是有重复的数据。通过图片可以看出，想要 1 ~ 25 不重复排序，需要另一种操作。

姓名	学历	应聘职位	面试排序
李X	硕士	主任	11
程X	专科	策划编辑	23
李X晨	专科	发行经理	10
陈X波	专科	发行助理	21
陈X利	专科	行政主管	7
邓X茹	本科	网管	23
周X	本科	后勤主管	18
赵X远	专科	人事经理	25
何X	专科	培训专员	4
刘X	硕士	招聘专员	6
赵X伟	硕士	人事专员	16
钱X爱	专科	会计	22
刘X	专科	出纳	5
刘X诗	专科	责任编辑	13
吴X丽	专科	责任编辑	16
何X赛	硕士	封面设计	13
孙X菲	专科	策划编辑	7
刘X伟	本科	宣传策划	1
陈X	本科	活动策划	4
刘X寒	博士	美术编辑	11
马X东	本科	美术编辑	18
高X丽	本科	责任编辑	7
王X	专科	排版	24
李X丽	硕士	排版	2
赫X娜	专科	排版	7
25			

图 268　有重复数值

在整体表格后建立一个辅助列，然后选定辅助列的第一个单元格，键入 "=RAND（）"，点击回车键。这个函数是 0 ~ 1 之间随机的数字，因为小数点后有多位，所以重复的概率非常小。

E3			f_x	=RAND()
	A	B	C	D	E
1	面试安排单				
2	姓名	学历	应聘职位	面试排序	辅助列
3	李X	硕士	主任	1	0.720350033

图 269　添加辅助列

操作完成后，会随机出现 0 ~ 1 之间的一个小数，然后通过下拉填充操作，将空余的单元格填满。

之后，在面试排序下的第一个单元格中键入 "=RANK（E3，$E$3:$E$27）"（括号内 E3 是首个单元格位置；$E$3:$E$27 是辅助列数据的首个单元格位置以及最后一个单元格位置），然后点击回车键。

函数库					
RANK ▼ ✕ ✓ fx		=RANK(E3,$E$3:$E$27)			

	A	B	C	D	E	F
1	**面试安排单**					
2	姓名	学历	应聘职位	面试排序	辅助列	
3	李X	硕士	=RANK(E3,$E$3:$E$27)			8
4	程X	专科	策划编辑	14	0.387597924	
5	李X晨	专科	发行经理	18	0.322685119	
6	陈X波	专科	发行助理	8	0.51529185	
7	陈X利	专科	行政主管	8	0.503155418	
8	邓X茹	本科	网管	11	0.411175889	

图 270 使用 RANK 函数

再次通过下拉填充，得到不重复的随机排序。如果想要再次随机排序，只需按【F9】即可。

面试安排单

姓名	学历	应聘职位	面试排序
李X	硕士	主任	4
程X	专科	策划编辑	15
李X晨	专科	发行经理	2
陈X波	专科	发行助理	7
陈X利	专科	行政主管	9
邓X茹	本科	网管	21
周X	本科	后勤主管	16
赵X远	专科	人事经理	25
何X	专科	培训专员	8
刘X	硕士	招聘专员	24
赵X伟	硕士	人事专员	14
钱X爱	专科	会计	5
刘X	专科	出纳	17
刘X诗	专科	责任编辑	1
吴X丽	专科	责任编辑	22
何X赛	硕士	封面设计	10
孙X菲	专科	策划编辑	13
刘X伟	本科	宣传策划	6
陈X	本科	活动策划	19
刘X寒	博士	美术编辑	18
马X东	本科	美术编辑	11
高X丽	本科	责任编辑	12
王X	专科	排版	20
李X丽	硕士	排版	3
赫X娜	专科	排版	23

图 271 随机改变排序

137

面试成绩评定

1. 制作面试评分模板

面对大量求职者的时候，为了尽可能高效、公平地面对每一位求职者，HR需要制作一张评分参考的模板，根据职位需要以及员工素质分成几个具体的大项，直接评分，最后按照分数对比参考。

下图就是一张面试评分表的模板，根据实际需要也可自行调整，制表方法已经讲过，这里不做赘述。

面试评分表

姓名		应聘岗位		考官	
评分项	评分				
	极佳	优秀	一般	略差	差
仪表形象	5	4	3	2	1
话术、沟通	5	4	3	2	1
专业经验	5	4	3	2	1
英语水平	5	4	3	2	1
对公司满意度	5	4	3	2	1
最终结果	总分		☐ 予以录用 ☐ 列入考虑 ☐ 不予考虑		

图 272　面试评分表

假设一个人面试之后，考官在面试评分项的相应位置做好标记，最后进行分数汇总，这样可以根据总分对不同求职者的综合素质进行评价。

这里需要用到求和函数。我们选定总分单元格，输入"=SUM（）"可以把标记对应的分数单元格位置键入括号，中间以逗号相隔；也可在输入"=SUM（）"后通过移动光标选定加入。要注意，选定不相连的单元格时，要按住【Ctrl】。

| RANK | | f_x | =SUM(C5, D7, B9, E11, C13) | | |

面试评分表

姓名		应聘岗位		考官	
评分项	评分				
	极佳	优秀	一般	略差	差
仪表形象	5	4 ○	3	2	1
话术、沟通	5	4	3 ○	2	1
专业经验	5 ○	4	3	2	1
英语水平	5	4	3	2 ○	1
对公司满意度	5	4 ○	3	2	1
最终结果	=SUM(C5, D7, B9, E11, C13)			□ 予以录用 □ 列入考虑 □ 不予考虑	

图 273　选定求和区域

当需要求和的所有单元格都选择完成后，点击回车键，算出总分。

面试评分表

姓名		应聘岗位		考官	
评分项	评分				
	极佳	优秀	一般	略差	差
仪表形象	5	4 ○	3	2	1
话术、沟通	5	4	3 ○	2	1
专业经验	5 ○	4	3	2	1
英语水平	5	4	3	2 ○	1
对公司满意度	5	4 ○	3	2	1
最终结果	总分	18		□ 予以录用 □ 列入考虑 □ 不予考虑	

图 274　使用 SUM 函数计算最终结果

还有一种情况，就是做的表格没有分数，这时需要单独计算分数，就要把符号换成对应的分数。首先，选定分数栏，然后在英文输入法状态下键入函数公式"=IF(B5=" ○ ",5,IF(C5=" ○ ",4,IF(D5=" ○ ",3,IF(E5=" ○ ",2,IF(F5=" ○ ",1)))))"，也就是每栏对应的分数。

RANK | =IF(B5="○",5,IF(C5="○",4,IF(D5="○",3,IF(E5="○",2,IF(F5="○",1)))))

面试评分表

姓名			应聘岗位		考官		
评分项				评估栏			分数
仪表形象	极佳	优秀 ○	良好	一般	差	1)))))	
话术、沟通	极强	优秀	良好 ○	一般	差		
专业经验	顶尖 ○	资深	一般	刚入行	无		
英语水平	极佳	优秀	良好	一般	差		
对公司满意度	非常满意	满意 ○	较为满意	不太满意	不满意		
最终结果			□ 予以录用		总分		
			□ 列入考虑				
			□ 不予考虑				

图 275　使用 IF 函数

点击确认，以下拉套用公式填充的方式计算出各项对应的分数。

面试评分表

姓名			应聘岗位		考官		
评分项				评估栏			分数
仪表形象	极佳	优秀 ○	良好	一般	差		4
话术、沟通	极强	优秀	良好 ○	一般	差		3
专业经验	顶尖 ○	资深	一般	刚入行	无		5
英语水平	极佳	优秀	良好	一般 ○	差		2
对公司满意度	非常满意	满意 ○	较为满意	不太满意	不满意		4
最终结果			□ 予以录用		总分		
			□ 列入考虑				
			□ 不予考虑				

图 276　填充每项分数

之后，在总分一栏键入求和函数公式"=SUM(G4,G6,G8,G10,G12)"，点击回车键。

| RANK | ▼ | × ✓ *fx* | =SUM(G4,G6,G8,G10,G12) | | | |

A	B	C	D	E	F	G
			面试评分表			
姓名		应聘岗位		考官		
评分项			评估栏			分数
仪表形象	极佳	优秀 ○	良好	一般	差	4
话术、沟通	极强	优秀	良好 ○	一般	差	3
专业经验	顶尖 ○	资深	一般	刚入行	无	5
英语水平	极佳	优秀	良好	一般 ○	差	2
对公司满意度	非常满意	满意 ○	较为满意	不太满意	不满意	4
最终结果		□ 予以录用			总分	:10,G12)
		□ 列入考虑				
		□ 不予考虑				

图 277 计算最后总分

这样分数就直接呈现在评分表上了。两种方法根据个人习惯选择即可。

			面试评分表			
姓名		应聘岗位		考官		
评分项			评估栏			分数
仪表形象	极佳	优秀 ○	良好	一般	差	4
话术、沟通	极强	优秀	良好 ○	一般	差	3
专业经验	顶尖 ○	资深	一般	刚入行	无	5
英语水平	极佳	优秀	良好	一般 ○	差	2
对公司满意度	非常满意	满意 ○	较为满意	不太满意	不满意	4
最终结果		□ 予以录用			总分	18
		□ 列入考虑				
		□ 不予考虑				

图 278 最终效果展示

141

面试结束后，尤其是已经生成结果的面试评分表，最好对其进行信息保护，如加密或是防止修改，以确保面试的公正。

2. 面试结果统计

经过大量的面试成绩对比后，往往根据数据分数决定最终录用人选。将所有人的成绩汇总之后，可以根据企业需求选择最终分数达标人员。

通常来讲，面试只是一方面的分数，有些企业会有面试以及笔试两项，有的企业则将主考评分作为参考，通常两项分数占比不同。

举例来说，如果面试占比 75%，主考评分占比 25%，最终成绩在 90 分以上才会录取，85 分以上可以考虑，85 分以下直接淘汰，就可以通过简单的函数操作一步完成。

以下图为例。我们将光标选定最终结果项下第一个单元格，在英文输入法状态下输入 "=IF(D3*0.75+E3*0.25>90," 录取 ",IF(D3*0.75+E3*0.25>=85," 考虑 "," 不录用 "))"，然后点击回车键。

	A	B	C	D	E	F	G	H	I	J
	RANK	▼ ⊗ ✓ *fx*	=IF(D3*0.75+E3*0.25>90,"录取",IF(D3*0.75+E3*0.25>=85,"考虑","不录用"))							
				IF(logical_test, [value_if_true], **[value_if_false]**)						
1	面试结果统计表									
2	姓名	学历	年龄	面试评分	主考评分	最终结果				
3	李X	硕士	40	95	85	3","不录用")）				
4	程X	专科	23	58	40					
5	李X晨	专科	21	56	60					
6	陈X波	专科	27	58	65					
7	陈X利	专科	27	60	75					
8	邓X茹	本科	22	66	70					
9	周X	本科	28	67	65					
10	赵X远	专科	28	70	65					
11	何X	专科	22	77	75					
12	刘X	硕士	25	78	75					
13	赵X伟	硕士	41	78	80					

图 279 使用函数填写录用标准

通过下拉填充套用公式的方法填充所有空余单元格，最终结果就出来了。

面试结果统计表

姓名	学历	年龄	面试评分	主考评分	最终结果
李X	硕士	40	95	85	录取
程X	专科	23	58	40	不录用
李X晨	专科	21	56	60	不录用
陈X波	专科	27	58	65	不录用
陈X利	专科	27	60	75	不录用
邓X茹	本科	22	66	70	不录用
周X	本科	28	67	65	不录用
赵X远	专科	28	70	65	不录用
何X	专科	22	77	75	不录用
刘X	硕士	25	78	75	不录用
赵X伟	硕士	41	78	80	不录用
钱X爱	专科	22	80	80	不录用
刘X	专科	25	82	75	不录用
刘X诗	专科	26	83	80	不录用
吴X丽	专科	24	83	90	不录用
何X赛	硕士	35	85	75	不录用
孙X菲	专科	26	85	85	考虑
刘X伟	本科	31	87	90	考虑
陈X	本科	24	87	90	考虑
刘X寒	博士	31	88	80	考虑
马X东	本科	37	88	70	不录用
高X丽	本科	27	90	90	考虑
王X	专科	26	92	90	录取
李X丽	硕士	26	93	85	录取
赫X娜	专科	29	93	90	录取

图 280　最终结果展示

　　还有一些企业在面试过后的具体评分上，需要人为决定是否录取，这时不能通过简单地设置分数标准来决定，需要手动输入。但输入文字显然不够高效，可以通过设置替代数字来完成快捷输入。

　　首先，打开需要输入录用的表格，然后点击文件工具栏，找到Excel选项，点击。

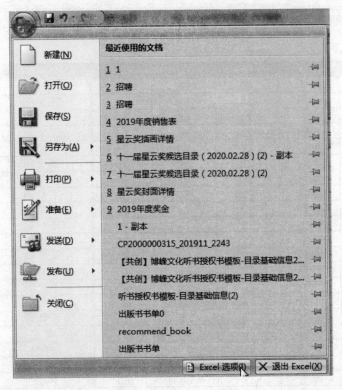

图 281　点击 Excel 选项

在弹出的 Excel 选项菜单中找到自动更正选项，再次点击。

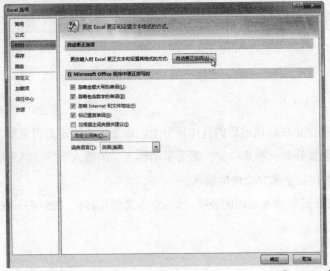

图 282　选择自动更正

在弹出的自动更正选项中，在替换一栏填写便捷输入的数字，比如1，然后"为"文本框输入其所表示的内容，如录用，然后点击添加，再输入其他数字及其代表的相应内容。

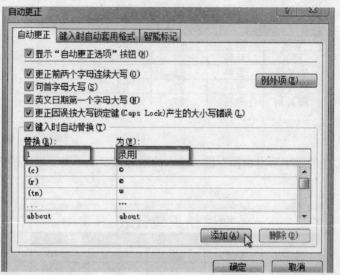

图 283　添加数值与替换关键词

比如，考量有三个标准，分别是"录用""考虑"以及"不录用"，重复上一步进行添加，直至所有需要的信息替换都完成后，最终点击确定。

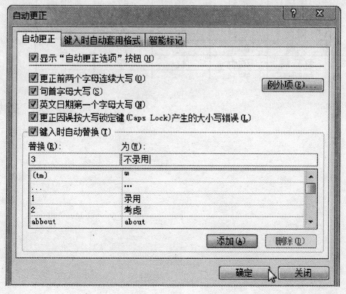

图 284　设定结束点击确定

回到工作簿之后，在需要填写录用或不录用的时候，直接填写替代的数字就可以了。

面试结果统计表				
姓名	学历	年龄	评分	最终结果
李X	硕士	40	95	1
程X	专科	23	58	
李X晨	专科	21	56	
陈X波	专科	27	58	
陈X利	专科	27	60	

图 285　输入对应数值

填写相应的数字后点击回车键，输入的内容就变成了需要展现的内容。

面试结果统计表				
姓名	学历	年龄	评分	最终结果
李茹	硕士	40	95	录用
程潇	专科	23	58	不录用
李佳晨	专科	21	56	不录用
陈海波	专科	27	58	不录用
陈伟利	专科	27	60	不录用
邓翠茹	本科	22	66	不录用
周鹤	本科	28	67	不录用
赵程远	专科	28	70	不录用
何爽	专科	22	77	考虑
刘晨	硕士	25	78	2
赵廷伟	硕士	41	78	
钱翠翠	专科	23	80	

图 286　最终结果展示

第三章

活用 Excel，让入职管理更高效

经历了招聘发布、面试考核，合格的人员就会入职成为企业的新员工。不过，为了确保招聘的员工与企业匹配，往往会设置试用期。从入职到试用期结束期间，这些新员工和企业原有员工的管理以及考核会有所差别。本章将着重讲解怎样通过各种表格对新员工进行管理。

01. 新人入职报到

制作录用通知书并发放

招聘面试结束后，HR 就要开始准备新员工入职的一系列事项了。入职前，HR 首先要整理录用员工的信息，然后制作录用通知书。员工信息的基本整理可以按照下图，简单、工整，便于录用通知书的制作。

姓名	学历	入职岗位	所属部门	薪资安排	联系方式
李茹	硕士	主任	编辑1部	12000.00	13612★★★211
程潇	专科	策划编辑	编辑1部	9500.00	13431★★★746
李佳晨	专科	发行经理	发行部	15000.00	18553★★★677
陈海波	专科	发行助理	发行部	6500.00	17666★★★538
陈伟利	专科	行政主管	人力资源部	8500.00	15612★★★415
邓翠茹	本科	网管	人力资源部	5500.00	13435★★★964
周鹤	本科	后勤主管	人力资源部	8000.00	15800★★★577
赵程远	专科	人事经理	人力资源部	7000.00	18673★★★956
何爽	专科	培训专员	人力资源部	6500.00	15641★★★252
刘晨	硕士	招聘专员	人力资源部	6500.00	15827★★★252
赵廷伟	硕士	人事专员	人力资源部	6500.00	13205★★★511

图 287　试用员工基本信息

按照公司的具体情况制作一份录用通知书，这并不复杂，只需把需要告知的信息填写进去，调整字体、格式，整体清晰、美观即可。下图是其中的一个模板。在这里要注意，制作的时候最好保存一个模板，日后可以反复使用，非常方便。

录用通知书

	先生/女士：
	恭喜您，经过与您的沟通了解，我公司研究决定，录用您为我公司员工，真诚欢迎您的加入！ 　·岗位信息：岗位名称_____　　部门_____ 　·劳动合同：报到之日起一周内签订劳动合同，合同有效期3年，包括试用期3个月。 　·薪资：_____人民币/月，试用期发放转正工资的80%。 　·福利：国家法定节假日休息，周末双休，带薪年假一周（转正后）；按国家规定缴纳社保、公积金。
报到时间	
报到地点	
个人资料	报到时请携带以下资料： ◆居民身份证原件及复印件 ◆户口本首页以及个人页复印件 ◆原单位解除劳动关系证明 ◆学历证书原件及复印件 ◆免冠1寸照片2张

备注：
　　如没有特殊要求，请按时到我司报到；如有疑虑、问题，请及时联系我司人力资源部。

图 288　录用通知书

在用 Excel 制作好表格之后，返回桌面，新建一个 Word 文档。

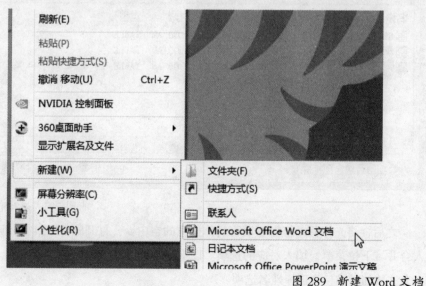

图 289　新建 Word 文档

149

然后将表格复制粘贴到新建的 Word 文档中去，在邮件工具栏中找到选择收件人下拉菜单，点击使用现有列表。

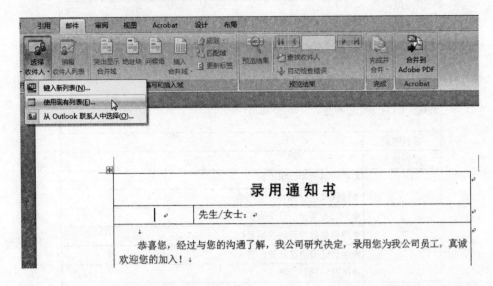

图 290　用 Word 关联信息表格

按照提示一步步地选定之前建立的录用人员信息表，然后点击确定。

图 291　选择信息源

之后，将光标移动至需要填写具体信息的空白处，打开邮件工具栏，调出插入合并域下拉菜单，填入对应的选项。以下图为例，将光标放在姓名一项，在插入合并域的时候，就选择姓名选项。

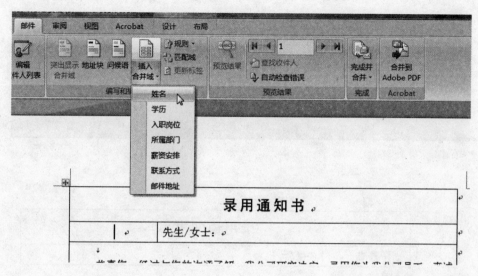

图 292　按需插入合并域

之后，依次将空白信息的选项按照刚才插入合并域的步骤重复添加。

录用通知书

《姓名》	先生/女士：

　　恭喜您，经过与您的沟通了解，我公司研究决定，录用您为我公司员工，真诚
欢迎您的加入！！
　　·岗位信息：岗位名称___《入职岗位》___　　部门____《所属部门》___
　　·劳动合同：报到之日起一周内签订劳动合同，合同有效期 3 年，包括试用期
3 个月。
　　·薪资：___《薪资安排》____人民币/月，试用期发放转正工资的 80%。
　　·福利：国家法定节假日休息，周末双休，带薪年假一周（转正后）；按国家
规定缴纳社保、公积金。

图 293　依次插入合并域

　　当合并域都添加进去之后，找到邮件工具栏中的预览结果选项，就可以对最
终要发放的通知书进行预览。通过预览结果右侧标有数字的文本框左右的小三角，
可以看上一份或者下一份，这样能够进行高效的批量添加。

　　确认没有问题后，点击"完成并合并"选项，按照招聘通知书发放流程批量
发送电子邮件即可。

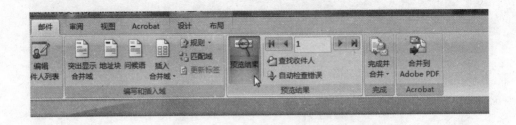

录用通知书

李茹	先生/女士：

恭喜您，经过与您的沟通了解，我公司研究决定，录用您为我公司员工，真诚
欢迎您的加入！
- 岗位信息：岗位名称___主任___ 部门____编辑1部___
- 劳动合同：报到之日起一周内签订劳动合同，合同有效期3年，包括试用期
3个月。
- 薪资：___12000___人民币/月，试用期发放转正工资的80%。
- 福利：国家法定节假日休息，周末双休，带薪年假一周（转正后）；按国家
规定缴纳社保、公积金。

图 294　结果预览

新员工入职手续

新员工在接到录取通知书后，会按照要求的时间携带相关资料到企业入职报
到，如明确到岗日期、签订劳动合同、熟悉办公环境、领取办公用品等。

新员工统一入职的时候，如果没有合理的流程，事情就会变得比较难办，可
能会有资料的丢失、遗漏，某些环节的重复等。因此，HR 要提前准备好新员工
入职报到手续表，将各个事项具体安排到个人，这样的细致化工作比较高效，避
免出现各种问题。即便遇到问题，也方便找到问题所在，第一时间解决。

首先，建立一个空白工作簿，调整基本单元格位置，将需要的信息填入空白
表格。

新员工入职报到手续表

姓名		职位	
入职部门		报到日期	
个人资料准备			
居民身份证		户口本复印件	
学历证书		原单位离职证明	
免冠照片			
配置资料准备			
公司简介		劳动合同	
员工手册		门禁胸卡	
		经办人：_____	
任职部门手续办理			
办公用品领取		工位安排	
		经办人：_____	
备注：			

图 295　新员工入职报到手续表

填写完之后，为了视觉上的美观、简洁，按照之前的方法将方框符号插入需要确认的选项前面，擦除多余的框线。

新员工入职报到手续表

姓名		职位	
入职部门		报到日期	
个人资料准备			
☐ 居民身份证		☐ 户口本复印件	
☐ 学历证书		☐ 原单位离职证明	
☐ 免冠照片			
配置资料准备			
☐ 公司简介		☐ 劳动合同	
☐ 员工手册		☐ 门禁胸卡	
		经办人：_____	
任职部门手续办理			
☐ 工位安排		☐ 办公用品领取	
		经办人：_____	
备注：			

图 296　擦除多余框线

可以看出，整体表格分成好几个部分。为了更加明了，选定选项的各个表头，点击开始工具栏中的单元格样式选项。在下拉菜单中，可以看见各种现成的样式。如果没有特定的要求，可以免去填充单元格颜色、更改字体大小样式，直接通过单元格样式选择现成的格式，这样更加方便。

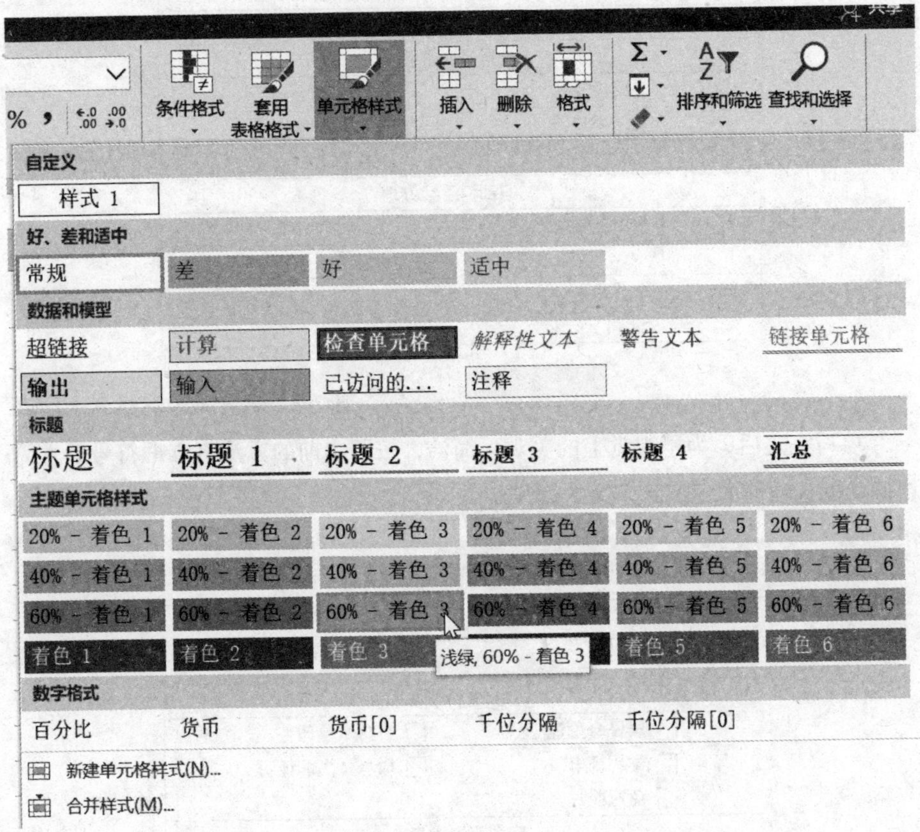

图 297　选择单元格样式

设定完这些后，就能看到一个完整的新员工入职报到手续表了，简单明了，而且美观。最主要的是，各个环节都以流程的方式加入其中，只要按照表格顺序一步步办理，入职就能够变得高效而简单。

新员工入职报到手续表			
姓名		职位	
入职部门		报到日期	
个人资料准备			
□ 居民身份证		□ 户口本复印件	
□ 学历证书		□ 原单位离职证明	
□ 免冠照片			
配置资料准备			
□ 公司简介		□ 劳动合同	
□ 员工手册		□ 门禁胸卡	
		经办人：______	
任职部门手续办理			
□ 工位安排		□ 办公用品领取	
		经办人：______	
备注：			

图 298　最终效果展示

02. 新员工的试用期管理

制订新员工试用期考核标准

1. 新员工试用标准表

试用期员工的管理和老员工是不一样的，HR 需要提供给各部门以及自己一个评价模板，具体考核标准以确保新员工在试用期的表现能够得到全面展现以及核准，这样才能确保公平以及招聘结果优良。

简单来说，新员工试用标准表由基本信息、试用计划以及试用考察三部分组成。基本信息就是新员工的个人信息；试用计划是每个新进员工在试用期参与的具体工作及其对应的领导人或者说督导人、负责人；试用考察就像一张成绩表，对于新员工各方面的素质进行基本的评价，最后根据评价结果核定员工表现。

也就是说，新员工试用标准表没有固定的选项以及模板，根据企业详情来制作。下面是一张新员工试用标准表。

新员工试用标准表

日期：		年	月	日						
基本信息		姓名			年龄			学历		
		职位			部门			入职日期		
		应聘渠道		☐ 招聘网站　☐ 职员推荐　☐ 内部晋升						
		相关工作经验		参加工作 _____ 年，相关工作经验_____ 年						
试用计划	1	试用期		自　　年　　月　　日至　　年　　月　　日						
	2	试用期薪酬		工资_____，补助_____			☐ 社保　☐ 公积金			
	3	督导人								
	4	督导方式		☐ 观察　　☐ 培训						
	5	具体工作内容								
	6	参与项目								
		评价						评分（满分100）		
试用考察	1	项目参与度		☐ 高　　☐ 中　　☐ 低						
	2	工作完成情况		☐ 高　　☐ 中　　☐ 低						
	3	工作积极性		☐ 高　　☐ 中　　☐ 低						
	4	团队配合度		☐ 高　　☐ 中　　☐ 低						
	5	出勤情况		☐ 全勤　　☐ 请假　　☐ 缺勤						
	6	职位匹配情况		☐ 高　　☐ 中　　☐ 低						
		评价结果		☐ 拟正式任用　　☐拟予辞退			总分			
		正式工资拟核		人事经办			考核			

图 299　新员工试用标准表

这里要解锁一个新的技能，如在年龄设定方面，可以通过设置数据验证来确保一个年龄范围。比如，我们招工的年龄设定在 25 ~ 35 岁，先选中年龄后需要填充的空白单元格，然后在数据工具栏中找到数据有效性（数据验证）下拉菜单，点击数据有效性（数据验证）。

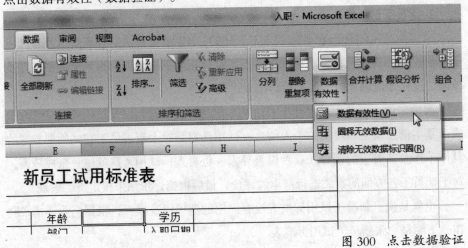

图 300　点击数据验证

在弹出的对话框中，先设定一个数值范围，允许下拉菜单选择整数，数据下拉菜单选择介于，最小值和最大值分别填写 25 和 35。

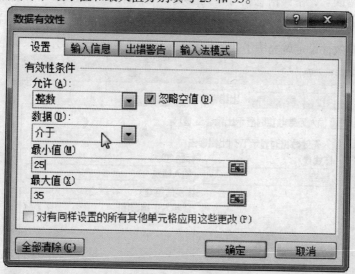

图 301　填写数值标准

为了避免填写时出现麻烦，可以通过输入提示信息，让提示直接显示在单元格下，这样在要填写之前就可以看到填写的范围要求。同样，我们直接打开数据有效性（数据验证）对话框中的输入信息菜单，标题栏直接写上请输入年龄，在输入信息栏填写具体要求，也就是请输入25～35之间的整数。之后，不要点击确定。

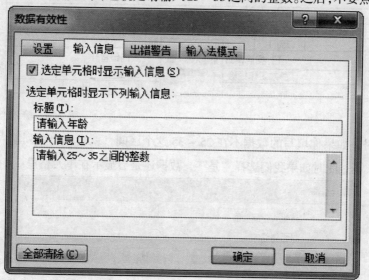

图 302　输入信息设置

　　继续选择出错警告菜单，将样式设定为警告，标题则是需要提示的信息。输入"输入错误"，错误信息栏可以直接填写"请输入正确数值"，或者再次将条件输入其中，如请输入 25 ~ 35 之间的整数。全部填写完成之后，再点击确定，对数据的有效性设定就完毕了。

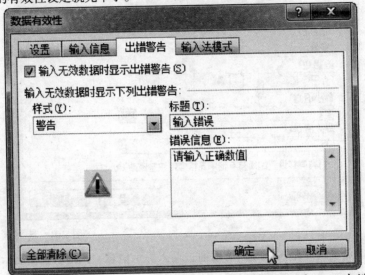

图 303　出错警告设置

　　我们再次将光标定在需要填写的年龄单元格时，设定好的条件就会自动显示出来。

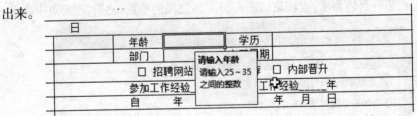

图 304　输入信息提示

　　此时，如果你填写的数据不在 25 ~ 35 这个区间，就会弹出下列输入错误的对话框。不过此时如果我们选择"是"，数据还是会显示在单元格里。

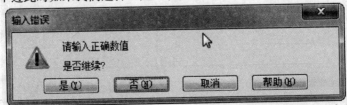

图 305　出错警告效果

设定完年龄区间，想要直接通过电脑操作选择前面有方框的选项，而不是打印出来用笔勾画，应该怎么做呢？

方框是通过插入方框符号插入其中的，如果想要在对应的方框内打钩，就需要方框以及对钩的两个符号重叠，这是不可以实现的。事实上，有直接的方框对钩符号可供选择，只需将光标移动到需要勾选的位置，删除原来的方框符号，然后点击插入菜单栏下的符号选项。

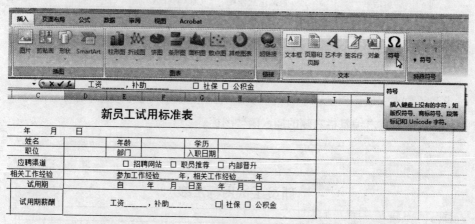

图 306　打开符号选项

在后续弹出的符号对话框中，先在字体文本框右侧的下拉菜单中找到 Wingdings 2，点击这个选项，然后看到直接打着"√"的方框符号，点击这个符号选定，再点击插入，操作就完成了。

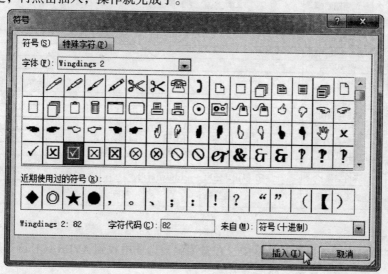

图 307　选择符号

159

可以看到，选项已经展示出来了。

1	项目参与度	☐ 高	☑ 中	☐ 低
2	工作完成情况	☑ 高	☐ 中	☐ 低
3	工作积极性	☑ 高	☐ 中	☐ 低
4	团队配合度	☐ 高	☑ 中	☐ 低
5	出勤情况	☐ 全勤	☑ 请假	☐ 缺勤
6	职位匹配情况	☑ 高	☐ 中	☐ 低
评价结果		☑ 拟正式任用	☐拟予辞退	总分
正式工资拟核		人事经办	考核	

图 308　替换原符号

完成所有的评价之后，通常会进行评分。此时最后分数的计算，往往不是通过求和函数来完成，而是以平均值来确定员工素质的。此时，选择总分后的空白单元格，然后点击编辑栏右侧的插入函数图标。

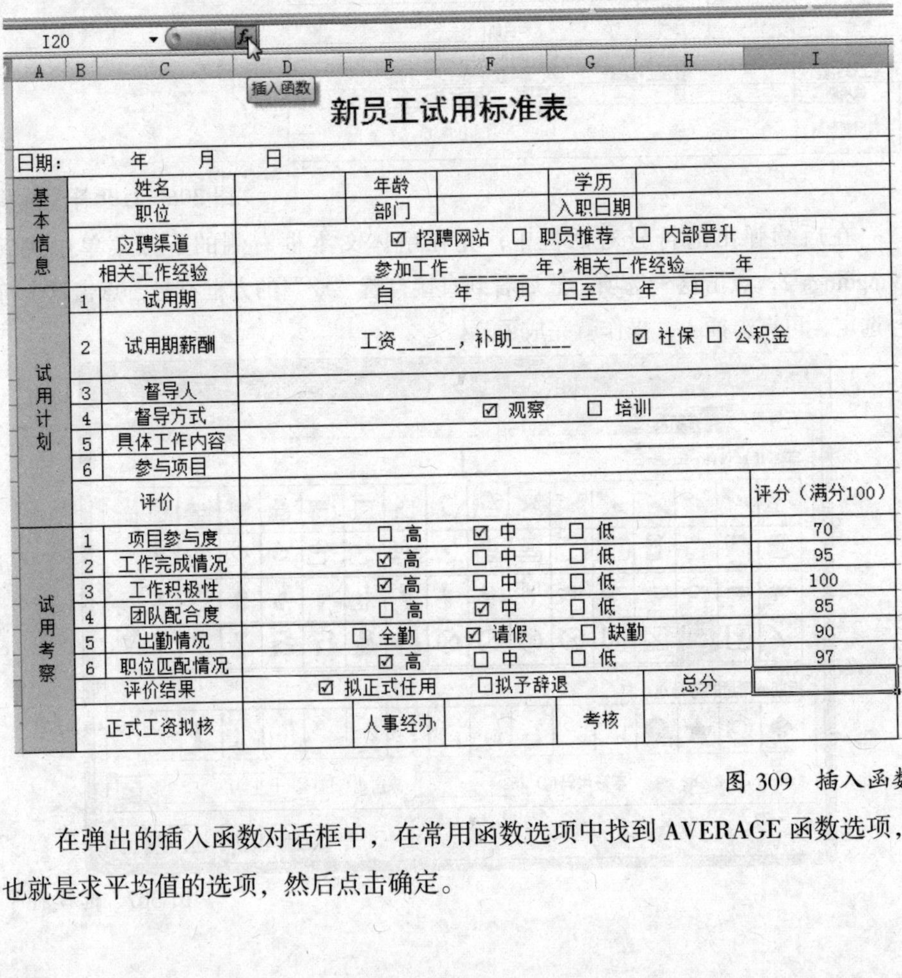

新员工试用标准表

日期：　年　月　日					
基本信息	姓名		年龄		学历
	职位		部门		入职日期
	应聘渠道	☑ 招聘网站　☐ 职员推荐　☐ 内部晋升			
	相关工作经验	参加工作 ______ 年，相关工作经验_____年			
试用计划	1 试用期	自　年　月　日至　年　月　日			
	2 试用期薪酬	工资______，补助______　☑ 社保 ☐ 公积金			
	3 督导人				
	4 督导方式	☑ 观察　☐ 培训			
	5 具体工作内容				
	6 参与项目				
试用考察	评价				评分（满分100）
	1 项目参与度	☐ 高	☑ 中	☐ 低	70
	2 工作完成情况	☑ 高	☐ 中	☐ 低	95
	3 工作积极性	☑ 高	☐ 中	☐ 低	100
	4 团队配合度	☐ 高	☑ 中	☐ 低	85
	5 出勤情况	☐ 全勤	☑ 请假	☐ 缺勤	90
	6 职位匹配情况	☑ 高	☐ 中	☐ 低	97
	评价结果	☑ 拟正式任用	☐拟予辞退	总分	
	正式工资拟核	人事经办		考核	

图 309　插入函数

在弹出的插入函数对话框中，在常用函数选项中找到 AVERAGE 函数选项，也就是求平均值的选项，然后点击确定。

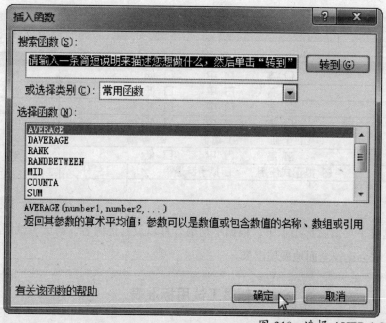

图 310 选择 AVERAGE 函数

在弹出的函数参数对话框中，点击 Number1 右侧的引用位置选项。

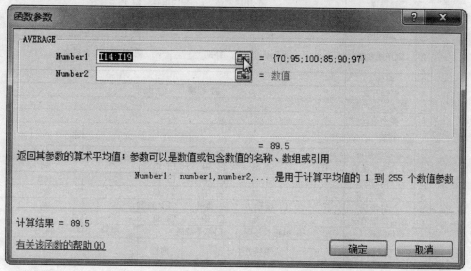

图 311 选择区域

在函数参数引用变成下图式样的时候，移动光标，选定所有需要计算平均值选项的单元格，然后点击函数参数右侧的引用位置选项，回到上一个对话框，再点击确定。

函数参数	?	X
I14:I19		

参与度	☐ 高	☑ 中	☐ 低		70
成情况	☑ 高	☐ 中	☐ 低		95
只极性	☑ 高	☐ 中	☐ 低		100
记合度	☐ 高	☑ 中	☐ 低		85
情况	☐ 全勤	☑ 请假	☐ 缺勤		90
配情况	☑ 高	☐ 中	☐ 低		97
课	☑ 拟正式任用	☐拟予辞退		总分	GE(I14:I19)

图 312　添加位置

这样平均值就算出来了，根据平均值计算以及其他内容，新员工试用期的基本表现就会比较全面地展现出来。

新员工试用标准表

日期：	年 月 日				
基本信息	姓名		年龄		学历
	职位		部门		入职日期
	应聘渠道	☑ 招聘网站 □ 职员推荐 □ 内部晋升			
	相关工作经验	参加工作 _____ 年，相关工作经验 _____ 年			
试用计划	1 试用期	自 年 月 日至 年 月 日			
	2 试用期薪酬	工资_____，补助_____ ☑ 社保 □ 公积金			
	3 督导人				
	4 督导方式	☑ 观察 □ 培训			
	5 具体工作内容				
	6 参与项目				
	评价				评分（满分100）
试用考察	1 项目参与度	☐ 高	☑ 中	☐ 低	70
	2 工作完成情况	☑ 高	☐ 中	☐ 低	95
	3 工作积极性	☑ 高	☐ 中	☐ 低	100
	4 团队配合度	☐ 高	☑ 中	☐ 低	85
	5 出勤情况	☐ 全勤	☑ 请假	☐ 缺勤	90
	6 职位匹配情况	☑ 高	☐ 中	☐ 低	97
	评价结果	☑ 拟正式任用	☐拟予辞退	总分	89.5
	正式工资拟核	人事经办		考核	

图 313　最终效果

2. 试用期结束鉴定表

设定试用期的用人标准后，在试用期快结束的时候，人事主管进行统一评判，做出最后的鉴定结果。对于比较优秀的，可以按照原来谈定的工资条件转正，对于成绩有些模棱两可的，通过延长试用期来处理，或者在试用期中感觉不适合这份工作，就可以直接予以辞退。

下面是一个试用期结束鉴定表的模板，可以用作参考。

试用期结束鉴定表

姓名		性别		年龄		
学历		部门		资历		
职位		薪酬	工资		人事负责人	
试用期			补贴			
试用结果	部门意见	□ 试用期满，照原工资办理转正			考核负责人	
		□ 试用期成绩优良，按原定工资＿＿＿办理转正				
		□ 建议继续试用				
		□ 试用不合格				
	主管审核	□ 同意考核意见，以原定工资拟准转正			部门负责人	
		□ 延长试用期30天				
		□ 不予录用				
	人事部批示	□ 按用人部门意见，自＿＿＿＿月＿＿＿＿日起按原定工资＿＿＿＿正式任用			人事专员	
		□ 根据用人部门意见，试用期不合格，拟定＿＿＿＿月＿＿＿＿日起予以辞退			人事主管	

图 314　试用期结束鉴定表

员工整体试用期考核总结

有的企业在新员工经过试用期后，根据用人部门参与意见以及主管审核后可以直接转正或者不予录用。有些大企业在试用期结束之后，还会进行审核，根据不同方面的成绩决定员工试用期的表现以及最终去留问题。

实际上，试用期结束时的考核不仅仅象征员工的去留问题，还便于进行数据分析，如此次招聘员工的整体素质、各方面的强弱对比等。

1. 整理缺考人员

参加工作时经常会有各种问题，所以进行考核的时候，有些员工没能参与每一项很正常，最后评定成绩如果直接计算总分，显然是不公平的。所以计算总分之前，首先要确定是否有缺考、漏考的情况发生。

就像下面这张表，可以看到有些应该有内容的单元格是空白的，这代表没有参加考试，也就没有成绩，比起一个个去检验，有更加简单的方法。

转正考核成绩表

姓　　名	年龄	业务考核	专业考核	活动考核	有无缺考
李　　X	40	95	85	95	
程　　X	23	58	40		
李　X　晨	21	56	60	95	
陈　X　波	27		65	100	
陈　X　利	27	60	75	96	
邓　X　茹	22	66	70	88	
周　　X	28	67		100	
赵　X　远	28	70	65	92	
何　　X	22	77	75		
刘　　X	25	78	75	94	
赵　X　伟	41	78		99	
钱　X　爱	22	80	80	58	
刘　　X	25	82	75	98	
刘　X　诗	26		80	100	
吴　X　丽	24	83	90	85	
何　X　赛	35	85	75	100	

图 315　转正考核成绩表

这里会用到函数。首先，在有无缺考下第一单元格选定，然后输入 "=IF(OR(ISBLANK(C3),ISBLANK(D3),ISBLANK(E3)),"有 "，"无 ")"，其中 C3、D3、E3 分别代表三个分数所在的单元格位置，点击回车键。

AVERAGE	▾	✕ ✓ fx	=IF(OR(ISBLANK(C3),ISBLANK(D3),ISBLANK(E3)),"有","无")					
	A	B	C	D	E	F	G	H	I

姓　名	年龄	业务考核	专业考核	活动考核	有无缺考			
李　　X	40	95	85	95	=IF(OR(IS			
程　　X	23	58	40					
李　X　晨	21	56	60	95				
陈　X　波	27		65	100				
陈　X　利	27	60	75	96				
邓　X　茹	22	66	70	88				

图 316　输入 IF 函数

这样我们就知道是否有缺考情况了。得到一个结果之后，通过下拉填充的方式复制公式，这样就能得到最终结果。

这个函数可以找到是否有空白单元格，也就是有无缺考的情况。

转正考核成绩表

姓　　名	年龄	业务考核	专业考核	活动考核	有无缺考
李　　X	40	95	85	95	无
程　　X	23	58	40		有
李　X　晨	21	56	60	95	无
陈　X　波	27		65	100	有
陈　X　利	27	60	75	96	无
邓　X　茹	22	66	70	88	无
周　　X	28	67		100	有
赵　X　远	28	70	65	92	无
何　　X	22	77	75		有
刘　　X	25	78	75	94	无
赵　X　伟	41	78		99	有
钱　X　爱	22	80	80	58	无
刘　　X	25	82	75	98	无
刘　X　诗	26		80	100	有
吴　X　丽	24	83	90	85	无
何　X　赛	35	85	75	100	无
孙　X　菲	26	85	85		有
刘　X　伟	31	87	90	88	无
陈　　程	24	87	90	90	无
刘　X　寒	31		80	90	有
马　X　东	37	88	70	87	无
高　X　丽	27	90		65	有
王　　X	26	92	90	78	无
李　X　丽	26	93	85		有
赫　X　娜	29	93	90	86	无

图 317　生成结果

通常情况下，几项考试成绩是挨着的，所以还有另一种函数计算方法。仍然选定需要填充内容的单元格，在英文输入法状态下输入"=IF(AND(ISNUMBER(C3:E3)),"无 ","有 ")"，然后点击回车键，就可得到需要的结果。最后，通过下拉填充方式让公式运用到每个人员的数据中。

| SUM | ▾ | : | ✕ | ✓ | fx | =IF(AND(ISNUMBER(C3:E3)),"无","有") |

▲	A	B	C	D	ISNUMBER(**value**)		G
1	试用期考核成绩表						
2	姓　名	年龄	业务考核	专业考核	活动考核	有无缺考	
3	李　X	40	95	85	95	1BER(C3:E	
4	程　X	23	58	40	98		
5	李 X 晨	21	56	60	95		
6	陈 X 波	27	58	65	100		
7	陈 X 利	27	60	75	96		
8	邓 X 茹	22	66	70	88		
9	周　X	28	67	65	50		
10	赵 X 远	28	70	65	92		
11	何　X	22	77	75	86		

图 318　使用 IF 函数

2. 自动汇总补考人员

有时考试会有好几项，但一项不合格不便以偏概全直接淘汰，这时候可以设定补考机制，给试用期职员第二次机会。在大量数据面前，依旧要用函数进行这项操作。

选择需要填充的单元格，在单元格中以英文输入法状态输入函数"=IF（OR（C3<70,D3<70,E3<70），"是"，"否"）"，然后点击回车键，再进行下拉填充操作。或者直接选择一整列需要填写的单元格，输入完函数，按住【Ctrl】加回车组合键，就可以整列进行填充。

这个函数的意思是，每项成绩所在单元格位置的数据在低于 70 分的情况下需要补考，如果每项都高于 70 分，就无须补考。

AVERAGE		▼	● ✕ ✔ ƒx	=IF(OR(C3<70,D3<70,E3<70),"是","否")		
A	B	C	D	E	F	G

试用期考核成绩表

姓　　名	年龄	业务考核	专业考核	活动考核	是否补考	
李　　X	40	95	85	95	"是","否"	
程　　X	23	58	40	98		
李 X 晨	21	56	60	95		
陈 X 波	27	58	65	100		
陈 X 利	27	60	75	96		
邓 X 茹	22	66	70	88		
周　　X	28	67	65	100		
赵 X 远	28	70	65	92		
何　　X	22	77	75	86		
刘　　X	25	78	75	94		
赵 X 伟	41	78	80	99		
钱 X 爱	22	80	80	58		
刘　　X	25	82	75	98		
刘 X 诗	26	83	80	100		
吴 X 丽	24	83	90	85		
何 X 赛	35	85	75	100		
孙 X 菲	26	85	85	85		
刘 X 伟	31	87	90	88		
陈　　X	24	87	90	90		
刘 X 寒	31	88	80	90		
马 X 东	37	88	70	87		
高 X 丽	27	90	90	65		
王　　X	26	92	90	78		
李 X 丽	26	93	85	90		
赫 X 娜	29	93	90	86		

图 319　输入 IF 函数

填充完成之后，不用分析每个数据，就可以直接得出是否需要补考的结果。

试用期考核成绩表

姓　　　名	年龄	业务考核	专业考核	活动考核	是否补考
李　　　X	40	95	85	95	否
程　　　X	23	58	40	98	是
李　X　晨	21	56	60	95	是
陈　X　波	27	58	65	100	是
陈　X　利	27	60	75	96	是
邓　X　茹	22	66	70	88	是
周　　　X	28	67	65	100	是
赵　X　远	28	70	65	92	是
何　　　X	22	77	75	86	否
刘　　　X	25	78	75	94	否
赵　X　伟	41	78	80	99	否
钱　X　爱	22	80	80	58	是
刘　　　X	25	82	75	98	否
刘　X　诗	26	83	80	100	否
吴　X　丽	24	83	90	85	否
何　X　赛	35	85	75	100	否
孙　X　菲	26	85	85	85	否
刘　X　伟	31	87	90	88	否
陈　　　X	24	87	90	90	否
刘　X　寒	31	88	80	90	否
马　X　东	37	88	70	87	否
高　X　丽	27	90	90	65	是
王　　　X	26	92	90	78	否
李　X　丽	26	93	85	90	否
赫　X　娜	29	93	90	86	否

图 320　最终结果展示

3. 根据成绩设定工资等级

通常，大企业对一个职位会有几种工资等级，基本是根据员工的专业素养来划分的。这样在试用期满的时候，HR 可以根据考核的总成绩划分工资标准。比如分为 4 个等级标准，总分在 150 分之下的是 D 级，总分在 150～200 之间的是 C 级，总分在 200～260 之间的是 B 级，总分高于 260 分的是 A 级。

选定工资等级下需要填充的单元格，然后输入 "=VLOOKUP(C3+D3+E3,{0,"D 级";150,"C 级";200,"B 级";260,"A 级"},2,TRUE)"，按【Ctrl】加回车键可以一次性计算出工资等级。

也可选择单独的单元格，输入同样的公式进行运算，在得出结果后通过下拉填充的方式计算出其他单元格的结果。

| SUM | ▾ | ⋮ | ✕ ✓ | *fx* | =VLOOKUP(C3+D3+E3,{0,"D级";150,"C级";200,"B级";260,"A级"},2,TRUE) |

| VLOOKUP(lookup_value, **table_array**, col_index_num, [range_lookup]) |

	A		B	C			
2	姓	名	年龄	业务考核	专业考核	活动考核	工资等级
3	李	X	40	95	85	95	及";260,"
4	程	X	23	58	40	98	
5	李 X 晨		21	56	60	95	
6	陈 X 波		27	58	65	100	
7	陈 X 利		27	60	75	96	
8	邓 X 茹		22	66	70	88	
9	周	X	28	67	65	50	
10	赵 X 远		28	70	65	92	
11	何	X	22	77	75	86	
12	刘	X	25	78	75	94	
13	赵 X 伟		41	78	80	99	
14	钱 X 爱		22	80	80	58	
15	刘	X	25	82	75	98	
16	刘 X 诗		26	83	80	100	
17	吴 X 丽		24	83	90	85	
18	何 X 赛		35	85	75	100	
19	孙 X 菲		26	85	85	85	
20	刘 X 伟		31	87	90	88	
21	陈	X	24	87	90	90	
22	刘 X 寒		31	88	80	90	
23	马 X 东		37	88	70	87	

图 321　输入 VLOOKUP 函数

下图是我们计算出的结果。

姓　名	年龄	业务考核	专业考核	活动考核	工资等级
李　X	40	95	85	95	A级
程　X	23	58	40	98	C级
李 X 晨	21	56	60	95	B级
陈 X 波	27	58	65	100	B级
陈 X 利	27	60	75	96	B级
邓 X 茹	22	66	70	88	B级
周　X	28	67	65	50	C级
赵 X 远	28	70	65	92	B级
何　X	22	77	75	86	B级
刘　X	25	78	75	94	B级
赵 X 伟	41	78	80	99	B级
钱 X 爱	22	80	80	58	B级
刘　X	25	82	75	98	B级
刘 X 诗	26	83	80	100	A级
吴 X 丽	24	83	90	85	B级
何 X 赛	35	85	75	100	A级
孙 X 菲	26	85	85	85	B级
刘 X 伟	31	87	90	88	A级
陈　X	24	87	90	90	A级
刘 X 寒	31	88	80	90	B级
马 X 东	37	88	70	87	B级

图 322　最终结果展示

试用期后转正

一个企业的试用期通常是固定的，但对于那些比较优秀的员工，提前转正也很正常。这时员工要填写一张转正申请表，这张表格自然需要 HR 来制作。

简单来说，转正申请表格就是员工对试用期工作情况的自我认知，以及相关部门负责人、各层高管对这名员工转正的看法，每个企业各有不同。下面是一张比较简单明了的试用转正申请表，内容很简单，只需保证各层级的审核即可。

试用转正申请表		
		填表日期：
申请人填写栏		
姓名		入职时间
职位		部门
试用期总结/转正说明：		
		申请人：
相关负责人填写栏		
直属负责人意见：		
		签字：
部门领导意见： □如期转正　□提前转正　□延期转正		签字：
人事部 意见	□ 同意　□ 不同意	签字：
副总经理 意见	□ 同意　□ 不同意	签字：
总经理 意见	□ 同意　□ 不同意	签字：

图 323　试用转正申请表

第四章
善用 Excel，让培训体系有条理

建立合适的培训体系，是每个企业经久不衰的必修课，能够保证企业职员素养不断提升。因此，建立培训体系成为HR必修课中比较重要的一项。建立培训体系时，面对大量数据，运用Excel对这些烦琐的数据进行统计分析，就是本章要学习的。

01. 制订培训计划

常见培训计划表

1. 年度培训计划表

培训每年都会有，通常在年初各部门就会设计各种培训计划。HR 要协助各部门做好培训设计与完成。因此，制作一张年度培训计划表非常必要。

为了便于管理，建议 HR 不要创建太多的培训文件，可以在一个文件中通过建立多个文件表来完成，以此为基础，重命名工作簿的标签。比如"2020 年度培训计划表"，这样在具体培训计划或者月度总结、分析的时候，都可以建在同一个文件中。

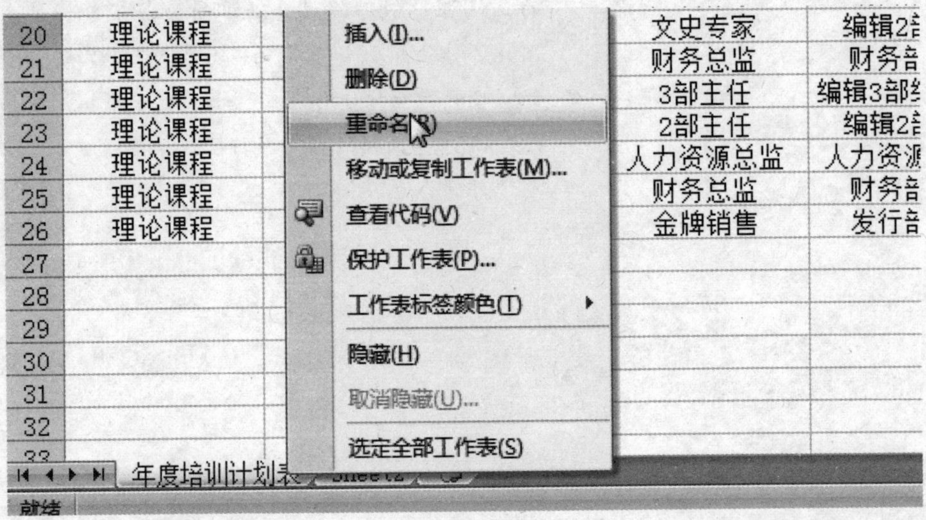

20	理论课程	插入(I)...	文史专家	编辑2部
21	理论课程	删除(D)	财务总监	财务部
22	理论课程	重命名(R)	3部主任	编辑3部
23	理论课程		2部主任	编辑2部
24	理论课程	移动或复制工作表(M)...	人力资源总监	人力资源
25	理论课程	查看代码(V)	财务总监	财务部
26	理论课程	保护工作表(P)...	金牌销售	发行部
27				
28		工作表标签颜色(T) ▶		
29				
30		隐藏(H)		
31		取消隐藏(U)...		
32				
33		选定全部工作表(S)		

年度培训计划表　Sheet2

就绪

图 324　标签重命名

年度培训计划的表格式很简单，只需罗列出一年中具体的培训安排内容以及时间即可。

2020年度培训计划表							
形式	性质	负责部门	讲师	培训对象	计划时间	进行时间	备注
实际操作	内部培训	发行部	发行总监	发行部全员	3月		
实际操作	外聘培训	编辑1部	网红插画师	排版人员	3月		
理论课程	内部培训	编辑1部	编辑部主任	编辑部全员	3月		
实际操作	内部培训	编辑1部	编辑部主任	编辑部全员	3月		
理论课程	内部培训	人力资源部	人力资源总监	人力资源部全员	3月		
实际操作	外聘培训	法务部	政法专家	法务部全员	4月		
理论课程	内部培训	编辑2部	编辑部主任	编辑部全员	4月		
理论课程	内部培训	法务部	法务部总监	全员	4月		
理论课程	内部培训	发行部	发型总监	全员	4月		
理论课程	内部培训	编辑1部	编辑部主任	编辑部全员	4月		
实际操作	内部培训	文创开发部	开发部总监	全员	5月		
理论课程	内部培训	文创开发部	开发部总监	全员	5月		
理论课程	内部培训	文创开发部	开发部总监	编辑部全员	5月		
实际操作	内部培训	编辑3部	封面设计师	编辑3部排版人员	6月		
实际操作	内部培训	编辑2部	网红作家	编辑2部全员	6月		
理论课程	内部培训	人力资源部	人力资源总监	人力资源部全员	6月		
理论课程	外聘培训	编辑2部	知名作家	编辑部全员	6月		
理论课程	外聘培训	编辑2部	文史专家	编辑2部全员	6月		
理论课程	内部培训	财务部	财务总监	财务部全员	7月		
理论课程	内部培训	编辑3部	3部主任	编辑3部编辑全员	8月		
理论课程	内部培训	编辑2部	2部主任	编辑2部全员	8月		
理论课程	内部培训	人力资源部	人力资源总监	人力资源部全员	9月		
理论课程	内部培训	财务部	财务总监	财务部全员	9月		
理论课程	外聘培训	发行部	金牌销售	发行部全员	9月		

图 325　年度培训计划表

制订培训计划的时候，进行时间需要后续填充。为了操作的便捷，要通过数据验证功能设置下拉选项菜单，以达到后续的快速填充。

首先，选定进行时间下的空白单元格，然后在数据工具栏中打开数据有效性（数据验证）下拉菜单，选择数据有效性（数据验证）选项。

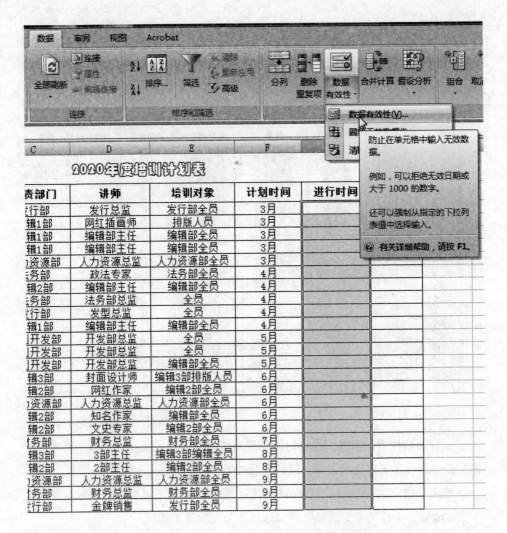

图 326　点击数据有效性（数据验证）

接下来，弹出数据有效性（数据验证）对话框，先点击选择提供下拉箭头选项，然后在允许文本框下拉菜单中选择序列选项、数据文本框下拉菜单中选择介于选项，最后在来源文本框中输入月份。比如，预计所有的培训计划都要在3～9月完成，就在这个文本框中按顺序输入"3月，4月，5月，6月，7月，8月，9月"。

这里要注意，每个月份之间用逗号隔开，而且是英文输入法状态下的输入才有用。

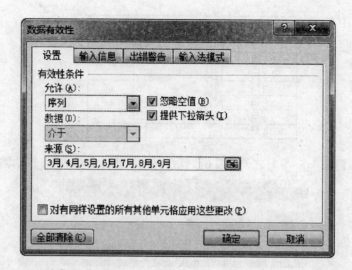

图 327　填入数据

紧接着，点击出错警告选项，样式选择停止，标题输入"输入错误"，错误信息输入提示信息，比如"请选择列表中日期"，选择完成后，再点击确定键就完成了。

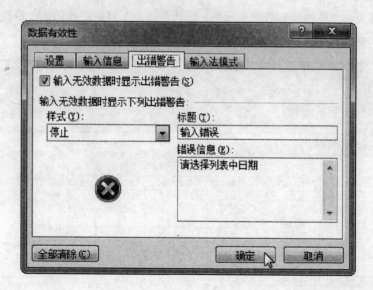

图 328　出错警告设置

此时可以看到，当随意选择进行时间下的任意空白单元格时，右侧就会出现下拉按钮选项，点击这个按钮，就可以选择月份了。

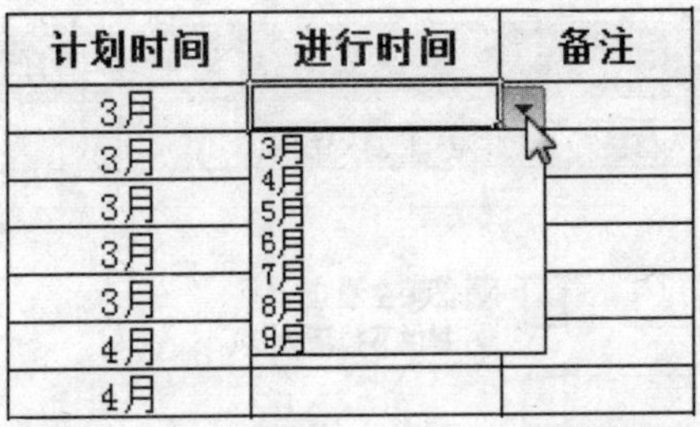

计划时间	进行时间	备注
3月		
3月		
3月		
3月		
3月		
3月		
4月		
4月		

图 329 最终效果展示

如果我们输入 3 ~ 9 月之外的月份，就会弹出下面这个对话框，提示输入错误。

输入错误

请选择列表中日期

重试(R)   取消   帮助(H)

图 330 出错效果展示

有时，当到年中或者经过几个月，培训已经进行了一部分，为了能够直观看出培训计划进行到哪一步，下面是什么计划，就要对已经进行的计划和未开始的计划进行标注划分，比较便捷的方法就是通过设置条件格式来完成。

选择表头之外的所有数据单元格，然后在开始工具栏中找到条件格式选项，在其下拉菜单中找到新建规则选项，点击。

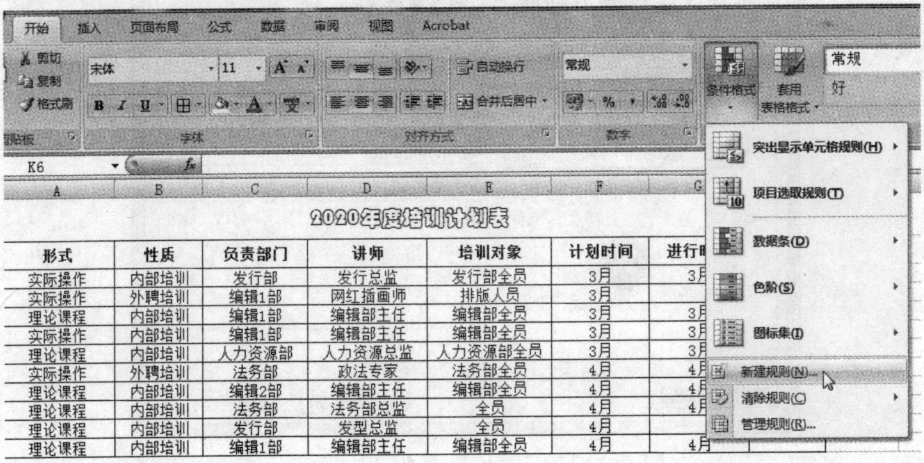

图 331 点击新建规则

紧接着，就会弹出新建格式规则对话框，选择"使用公式确定要设置格式的单元格"选项，在"为符合此公式的值设置格式"文本框中输入函数

"=OR($G3<>"",$H3<>"")"，也就是以进行时下的第一单元格位置和备注下第一
单元格位置为起始。注意，仍旧要在英文输入法状态下输入。

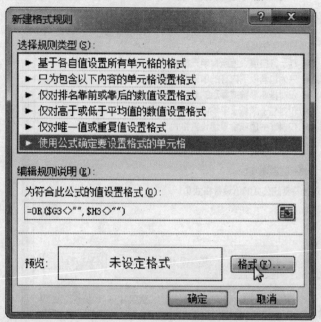

图 332　选择规则类型并点击格式

　　继续点击格式按钮，就会弹出设置单元格格式选项。为了更加直观，选择通
过背景填充来划分，选择填充，然后选择任意颜色，点击确定。

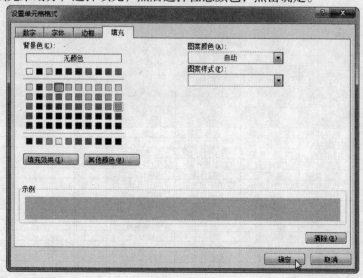

图 333　背景填充颜色

可以看到，预览后的文本框中会展现出效果。也可以选择通过下划线或者字体的改变来划分，但背景色更加明显，最好选择颜色填充，然后点击确定。

图 334　预览效果

操作完成后，效果如下图所示，可以一眼就看出计划完成了多少。

2020年度培训计划表

形式	性质	负责部门	讲师	培训对象	计划时间	进行时间	备注
实际操作	内部培训	发行部	发行总监	发行部全员	3月	3月	
实际操作	外聘培训	编辑1部	网红插画师	排版人员	3月		计划取消
理论课程	内部培训	编辑1部	编辑部主任	编辑部全员	3月	3月	
实际操作	内部培训	编辑1部	编辑部主任	编辑部全员	3月	3月	
理论课程	内部培训	人力资源部	人力资源总监	人力资源部全员	3月	3月	
实际操作	外聘培训	法务部	政法专家	法务部全员	4月	4月	
理论课程	内部培训	编辑2部	编辑部主任	编辑部全员	4月	4月	
理论课程	内部培训	法务部	法务部总监	全员	4月	4月	
理论课程	内部培训	发行部	发型总监	全员	4月		计划取消
理论课程	内部培训	编辑1部	编辑部主任	编辑部全员	4月	4月	
实际操作	内部培训	文创开发部	开发部总监	全员	5月		
理论课程	内部培训	文创开发部	开发部总监	全员	5月		
理论课程	内部培训	文创开发部	开发部总监	编辑部全员	5月		
实际操作	内部培训	编辑3部	封面设计师	编辑3部排版人员	6月		
实际操作	内部培训	编辑2部	网红作家	编辑2部全员	6月		
理论课程	内部培训	人力资源部	人力资源总监	人力资源部全员	6月		
理论课程	外聘培训	编辑2部	知名作家	编辑部全员	6月		
理论课程	外聘培训	编辑2部	文史专家	编辑部全员	6月		
理论课程	内部培训	财务部	财务总监	财务部全员	7月		
理论课程	内部培训	编辑3部	3部主任	编辑3部编辑全员	8月		
理论课程	内部培训	编辑2部	2部主任	编辑部全员	8月		
理论课程	内部培训	人力资源部	人力资源总监	人力资源部全员	9月		
理论课程	内部培训	财务部	财务总监	财务部全员	9月		
理论课程	外聘培训	发行部	金牌销售	发行部全员	9月		

图 335　最终效果

如果对格式不满意，也可选择修改，仍旧在开始工具栏中找到条件格式下拉菜单，点击管理规则选项，就会弹出下面这个对话框。如果想设置多个规则，就可以通过新建规则来完成，并且通过删除规则右侧的箭头调整规则排序。也可通过编辑规则进行修改，或者通过显示格式规则下拉菜单选择规则的具体运用工作簿，这里不再一一细说。

图 336　点击管理规则

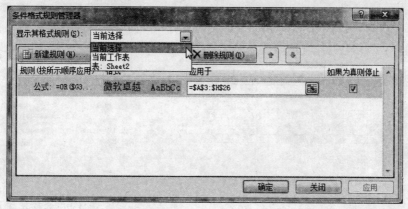

图 337　管理规则对话框

2.具体培训计划表

一般情况下，全年培训计划是一个比较模糊的概念，大致定了培训的方向和时间。随着计划的推进，培训内容、具体时间以及讲师和地点都会最终明确下来，此时 HR 需要制作一张具体的培训课程表，避免时间或者地点冲突。

下图是一张简易的具体培训计划表。

培训课程表			
具体内容	日期安排	负责人	地点安排
市场考察方向	5月11日	李 X	会议室
线上渠道拓展	5月20日	陈 X 利	会议室
外版书策划方向	5月20日	李 X	多媒体室
文创周边衍生品设计	6月5日	赫 X 娜	会宾室
电子版权运营方案设计	6月7日	赫 X 娜	多媒体室
IP创立基础	6月21日	赫 X 娜	会议室
众筹方案设计	6月22日	赵 X 伟	会议室

图 338　培训课程表

HR平时会有各种杂事缠身，为了不耽误工作，可以提前对这张表格做好标记。比如，标记好临近日期，这样就可以提前安排工作，又不用把不着急的培训工作提前做完。

这要用到条件格式操作。选中所有日期安排数据，然后在开始工具栏中找到条件格式下拉菜单，选择突出显示单元格规则下拉菜单，找到发生日期选项，点击。

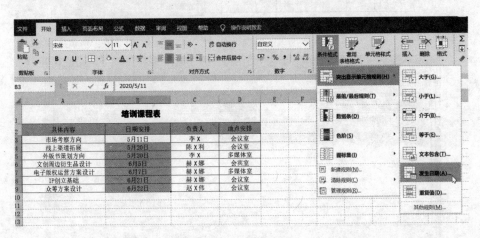

图 339　选择发生日期

此时会弹出发生日期对话框。比如,要提前安排下周工作,就在时间栏的下拉菜单中选择下周,然后为"设置为"文本框随意选择一个颜色,点击确定。

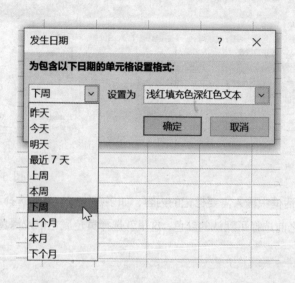

图 340 发生日期设置

下周的时间就会直接标红了。这样操作简单便捷,免去查询日历的烦恼。

培训课程表			
具体内容	日期安排	负责人	地点安排
市场考察方向	5月11日	李 X	会议室
线上渠道拓展	5月20日	陈 X 利	会议室
外版书策划方向	5月20日	李 X	多媒体室
文创周边衍生品设计	6月5日	赫 X 娜	会宾室
电子版权运营方案设计	6月7日	赫 X 娜	多媒体室
IP创立基础	6月21日	赫 X 娜	会议室
众筹方案设计	6月22日	赵 X 伟	会议室

图 341 最终效果展示

另外,如果培训地点是经常会占用的地方,也可进行标记,提前做好安排,避免"撞车"。

选中地点安排的所有单元格,打开开始工具栏,找到条件格式选项,在突出显示单元格规则下拉菜单中找到等于选项,点击。

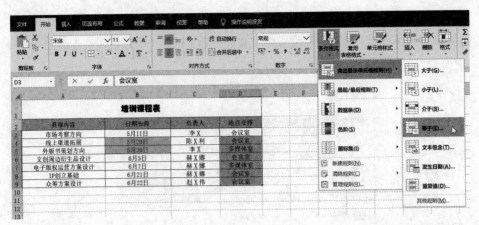

图 342　选择等于

在弹出的对话框中输入需要标记的内容，如多媒体室，然后选择和之前标记颜色不同的选项。之前选择了默认的红色，这里就选择黄色底色以及深黄色字体选项。

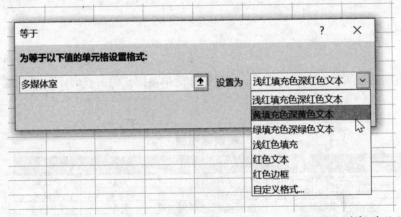

图 343　选择其他填充色

选择完毕后，点击确定。

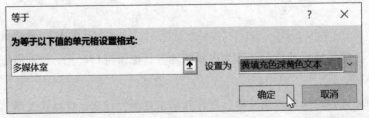

图 344　设置条件

再看这张表，多媒体室就全部标黄了。

培训课程表

具体内容	日期安排	负责人	地点安排
市场考察方向	5月11日	李 X	会议室
线上渠道拓展	5月20日	陈 X 利	会议室
外版书策划方向	5月20日	李 X	多媒体室
文创周边衍生品设计	6月5日	赫 X 娜	会宾室
电子版权运营方案设计	6月7日	赫 X 娜	多媒体室
IP创立基础	6月21日	赫 X 娜	会议室
众筹方案设计	6月22日	赵 X 伟	会议室

图 345 最终结果展示

培训费用汇总表

培训形式多种多样，有时是内部培训，有时是外聘讲师培训，还有可能是户外训练等。无论哪种都可能产生费用，HR 不仅需要提供预算表，培训之后，实际的开销种类以及数额都必须做到心里有数。因此，我们除了简单的预算表外，还要制作年度培训成本汇总表。

单次培训的预算表也好，结束的费用表也罢，内容相对较少，表格也比较简单，此处不再赘述。我们要做的主要是年度所有培训费用的记录。制作一张年度培训费用汇总表的模板，后续填充内容就会变得快捷、简单。

首先，得有一张已完成的年度培训汇总表。

		2020年度培训汇总				
编号	内容	形式	性质	负责部门	讲师	时间
BF202001	线上渠道拓展	操作课程	内部培训	发行部	陈 X 利	3月2日
BF202002	引流插画方案	操作课程	外聘培训	编辑1部	何 X	3月9日
BF202003	外版书策划方向	理论课程	内部培训	编辑1部	李 X	3月17日
BF202004	专业提升	视频课程	内部培训	编辑1部	李 X	3月18日
BF202005	业务提升	理论课程	内部培训	人力资源部	邓 X 茹	3月25日
BF202006	规避版权纠纷	视频课程	外聘培训	法务部	马 X 东	4月1日
BF202007	专业提升	理论课程	内部培训	编辑2部	李 X	4月18日
BF202008	出版政策	理论课程	内部培训	法务部	李 X 丽	4月19日
BF202009	发货渠道设计	理论课程	内部培训	发行部	陈 X 利	4月22日
BF202010	作品结构规划	视频课程	内部培训	编辑1部	李 X	4月29日
BF202011	周边衍生品设计	操作课程	内部培训	文创开发部	赫 X 娜	5月10日
BF202012	市场考察方向	理论课程	内部培训	文创开发部	赫 X 娜	5月11日
BF202013	产品结构规划	理论课程	内部培训	文创开发部	赫 X 娜	5月15日
BF202014	创新封面设计	操作课程	内部培训	编辑2部	吴 X 岩	6月3日
BF202015	作品结构规划	实际操作	内部培训	编辑2部	何 X 赛	6月3日
BF202016	业务提升	理论课程	内部培训	人力资源部	邓 X 茹	6月25日
BF202017	优秀文案设计	理论课程	外聘培训	编辑2部	陈 X 波	6月26日
BF202018	文史类作品市场	视频课程	外聘培训	编辑2部	周 X	6月28日
BF202019	会计课程	理论课程	内部培训	财务部	程 X	7月15日
BF202020	作者维护	理论课程	内部培训	编辑3部	刘 X	8月3日
BF202021	专业提升	视频课程	内部培训	编辑2部	刘 X 伟	8月15日
BF202022	心理学	视频课程	内部培训	人力资源部	邓 X 茹	9月2日
BF202023	MRP运算	理论课程	内部培训	财务部	程 X	9月17日
BF202024	市场调研	户外培训	外聘培训	发行部	刘 X 寒	9月17日

图 346 年度培训汇总表

紧接着，建立一个全新的 Excel 文档，更改标签名为培训成本汇总，将表头以及各类项填好。

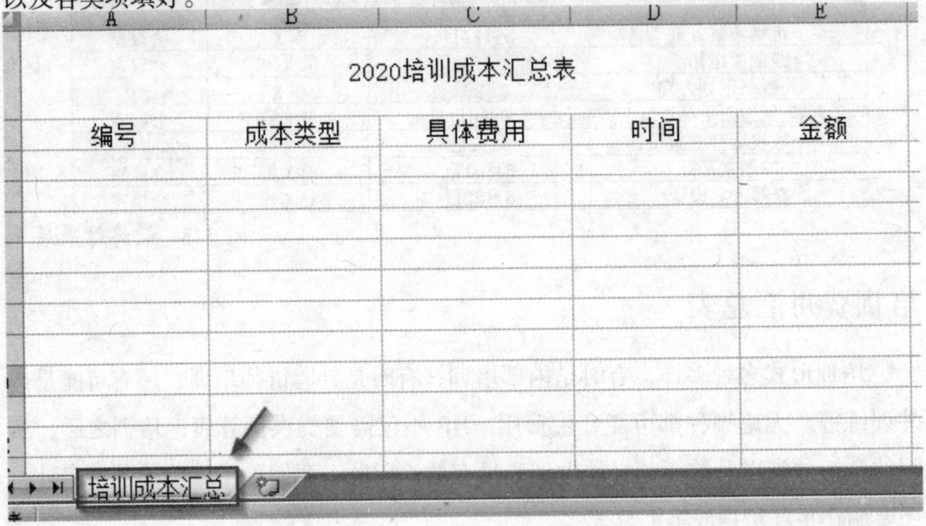

	A	B	C	D	E
			2020培训成本汇总表		
	编号	成本类型	具体费用	时间	金额

培训成本汇总

图 347 标签重命名

然后，在同一文件内建立第二个工作表，标签更名为序列，按照下图将培训可能产生的成本划分归为几类。

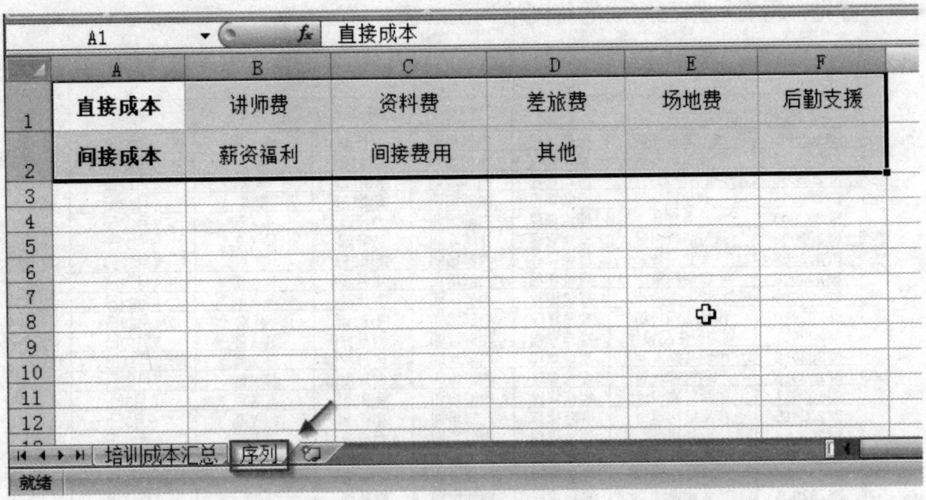

	A	B	C	D	E	F
A1			直接成本			
1	直接成本	讲师费	资料费	差旅费	场地费	后勤支援
2	间接成本	薪资福利	间接费用	其他		

培训成本汇总 序列

就绪

图 348 添加序列工作表

紧接着，打开已有的年度培训汇总表，右键单击其标签，选择移动或复制。

	A	B	C	D	E	F	G
			2020年度培训汇总				
1							
2	编号	内容	形式	性质	负责部门	讲师	时间
3	BF202001	线上渠道拓展	操作课程	内部培训	发行部	陈X利	3月2日
4	BF202002	引流插画方案	操作课程	外聘培训	编辑1部	何X	3月9日
5	BF202003	外版书策划方向	理论课程	内部培训	编辑1部	李X	3月17日
6	BF202004	专业提升	视频课程	内部培训	编辑1部	李X	3月18日
7	BF202005	业务提升	视频课程	内部培训	人力资源部	邓X茹	3月25日
8	BF202006	规避版权纠纷	视频课程	外聘培训	法务部	马X东	4月1日
9	BF202007	专业提升	理论课程	内部培训	编辑2部	李X	4月18日
10	BF202008	出版政策	理论课程	内部培训	法务部	李X丽	4月19日
11	BF202009	发货渠道设计	理论课程	内部培训	发行部	陈X利	4月22日
12	BF202010	作品结构规划	视频课程	内部培训	编辑1部	李X	4月29日
13	BF202011	周边衍生品设计	操作课程	内部培训	文创开发部	赫X娜	5月10日
14	BF202012	市场考察方向	操作课程			赫X娜	5月11日
15	BF202013	产品结构规划	理论课程			赫X娜	5月15日
16	BF202014	创新封面设计	操作课程			吴X丽	6月3日
17	BF202015	作品结构规划	实际操作			何X赛	6月3日
18	BF202016	业务提升	理论课程			邓X茹	6月25日
19	BF202017	优秀文案设计	理论课程			陈X波	6月26日
20	BF202018	文史类作品市场	视频课程			周X	6月28日
21	BF202019	会计课程	理论课程			程X	7月15日
22	BF202020	作者维护	理论课程			刘X	8月3日
23	BF202021	专业提升	视频课程			刘X伟	8月15日
24	BF202022	心理学	视频课程			邓X茹	9月2日
25	BF202023	MRP运算	理论课程			程X	9月17日
26	BF202024	市场调研	户外培训			刘X寒	9月17日

右键菜单：
插入(I)...
删除(D)
重命名(R)
移动或复制工作表(M)...
查看代码(V)
保护工作表(P)...
工作表标签颜色(T)
隐藏(H)
取消隐藏(U)...
选定全部工作表(S)

年度培训计划表　员工培训计划表　年度培训汇总

图 349　移动年度培训汇总表

此时会弹出一个对话框，在工作簿选项中选择年度成本汇总表格所在的工作簿，然后在"下列选定工作表之前"选择"（移至最后）"。要注意的是，一定要勾选建立副本，再点击确定。

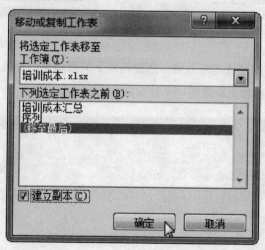

移动或复制工作表

将选定工作表移至
工作簿(T)：
培训成本.xlsx

下列选定工作表之前(B)：
培训成本汇总
序列
（移至最后）

☑ 建立副本(C)

确定　　取消

图 350　设置移动位置

可以看到，之前的年度培训汇总表格就复制在培训成本的工作簿内了。之所以选择这样复制移动而不是复制粘贴，是因为这样的移动方式可以将内容和格式原原本本地复制过来。如果单纯使用【Ctrl+C】和【Ctrl+V】，只有内容会复制过来，格式是没有办法复制过来的。

将表格复制过来后，右键单击其标签，为它重命名为"数据"，这是因为要通过数据验证使用这张表格的编号。

编号	内容	形式	性质	负责部门	讲师	时间
BF202001	线上渠道拓展	操作课程	内部培训	发行部	陈 X 利	3月2日
BF202002	引流插画方案	操作课程	外聘培训	编辑1部	何 X	3月9日
BF202003	外版书策划方向	理论课程	内部培训	编辑1部	李 X	3月17日
BF202004	专业提升	视频课程	内部培训	编辑1部	李 X	3月18日
BF202005	业务提升	理论课程	内部培训	人力资源部	邓 X 茹	3月25日
BF202006	规避版权纠纷	视频课程	外聘培训	法务部	马 X 东	4月1日
BF202007	专业提升	理论课程	内部培训	编辑2部	李 X	4月18日
BF202008	出版政策	理论课程	内部培训	法务部	李 X 丽	4月19日
BF202009	发货渠道设计	理论课程	内部培训	发行部	陈 X 利	4月22日
BF202010	作品结构规划	视频课程	内部培训	编辑1部	李 X	4月29日
BF202011	周边衍生品设计	操作课程	内部培训	文创开发部	赫 X 娜	5月10日
BF202012	市场考察方向			创开发部	赫 X 娜	5月11日
BF202013	产品结构规划			创开发部	赫 X 娜	5月15日
BF202014	创新封面设计			编辑3部	吴 X 丽	6月3日
BF202015	作品结构规划			编辑2部	何 X 赛	6月3日
BF202016	业务提升			力资源部	邓 X 茹	6月25日
BF202017	优秀文案设计			编辑2部	陈 X 波	6月26日
BF202018	文史类作品市场			编辑2部	周 X	6月28日
BF202019	会计课程			财务部	程 X	7月15日
BF202020	作者维护			编辑3部	刘 X	8月3日
BF202021	专业提升			编辑2部	刘 X 伟	8月15日
BF202022	心理学			力资源部	邓 X 茹	9月2日
BF202023	MRP运算			财务部	程 X	9月17日
BF202024	市场调研			发行部	刘 X 寒	9月17日

右键菜单：插入(I)...、删除(D)、重命名(R)、移动或复制工作表(M)...、查看代码(V)、保护工作表(P)...、工作表标签颜色(T)、隐藏(H)、取消隐藏(U)...、选定全部工作表(S)

图 351 标签重命名

准备就绪后，回到成本汇总表，选定编号下需要填充内容的空白单元格，打开数据工具栏，选择数据验证选项（数据有效性）。

图 352 打开数据验证

　　在弹出的对话框中将允许设为序列，在来源文本框中输入 "=OFFSET(数据 !$A$2,1,,COUNTA(数据 !$A:$A)-2,)"，也就是引用刚刚复制到工作簿中的表格数据，点击确定。

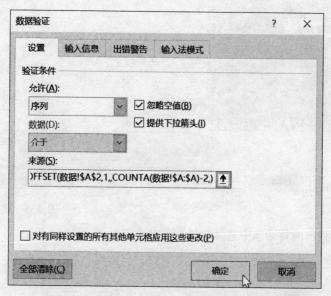

图 353　选择位置点击确定

　　可以看到，选定编号下的任一单元格都会出现一个下拉菜单，年度所有培训的对应编号都在选项里，直接选择即可，免去手工录入的麻烦以及失误。

图 354　效果展示

　　设定完编号后，再次为成本类型设置数据验证（数据有效性）。点击下标签进入序列工作表，选定工作表之后按【Ctrl+G】，调出定位对话框，点击定位条件选项。

图 355　选择定位条件

在再次弹出的对话框中选择常量，点击确定。

图 356　设置定位条件

然后，打开公式工具栏，在定义的名称组中找到根据所选内容创建选项，点击进行选择。

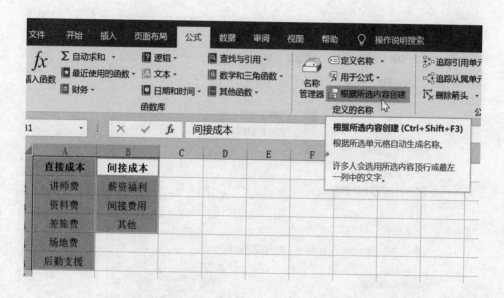

图 357　点击根据所选内容创建选项

在弹出的对话框中勾选首行，点击确定。

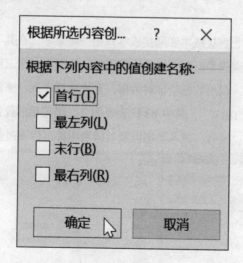

图 358　选择首行点击确定

之后回到年度成本汇总工作表，选定成本类型下的空白单元格，调出数据验证（数据有效性）对话框，允许选择序列，来源在英文输入法状态下填写"= 序列 !$A$1:$B$1"，也就是引用序列工作表中的表头部分，点击确定。

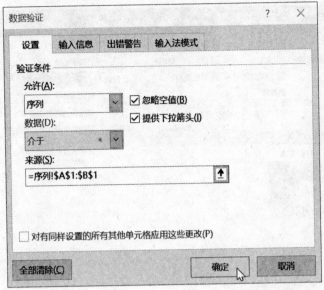

图 359 输入数据位置

此时成本类型可以通过下拉菜单直接选择直接成本以及间接成本选项，无须手动填写。

在序列工作表中，直接成本和间接成本只是一级菜单，在其下面还有具体费用的分类项，因此在培训成本汇总表的具体费用中，要创立一个二级菜单。选定具体费用下的空白单元格，调出数据验证对话框，允许选择序列，来源在英文输入法状态下填写"=INDIRECT(B3)"，其中 B3 代表要创立二级菜单的位置，点击确定完成所有操作。这样一来，编号、成本类型以及具体费用都可以通过选择直接填充。

图 360 点击确定

在表格中还有日期，为避免手动输入可能出现不易察觉的错误，可选择时间列，调出数据验证对话框，在允许中选择日期，开始日期和结束日期按照表格年度的第一天到最后一天，然后点击确定，避免输入数字时出现错误。而且，这样可以统一格式，让表格更加美观。

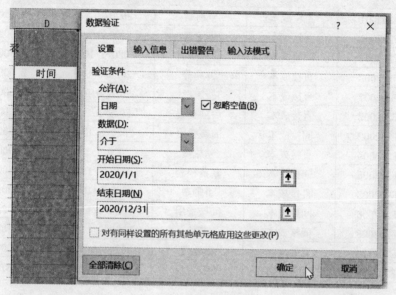

图 361　设置数据验证

然后，选定金额所在列，因为这一栏是开销，所以打开开始工具栏，在显示下拉菜单中选择会计专用格式，这样在输入数字的时候就可以自动转换成金额格式。

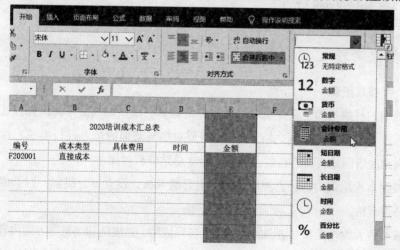

图 362　选择会计专用格式显示

191

最后，调整表格的格式，年度培训成本汇总表的模板就做好了。

2020培训成本汇总表

编号	成本类型	具体费用	时间	金额
BF202001	直接成本	资料费	2020/3/5	¥ 150.00
BF202001	直接成本	场地费	2020/3/5	¥ 2,500.00
BF202001	间接成本	薪资福利	2020/3/10	¥ 500.00
BF202002	直接成本	讲师费	2020/5/8	¥ 2,000.00
BF202002	直接成本	差旅费	2020/5/9	¥ 3,500.00
BF202002	直接成本	后勤支援	2020/5/9	¥ 800.00
BF202002	间接成本	间接费用	2020/5/12	¥ 260.00
BF202005	直接成本	差旅费	2020/7/3	¥ 900.00
BF202005	间接成本	薪资福利	2020/7/15	¥ 500.00
BF202008	直接成本	讲师费	2020/9/10	¥ 1,500.00
BF202008	间接成本	间接费用	2020/9/11	¥ 320.00
BF202008	间接成本	其他	2020/9/11	¥ 80.00
BF202012	直接成本	场地费	2020/10/1	¥ 3,000.00
BF202012	直接成本	后勤支援	2020/10/1	¥ 370.00

图 363　最终效果展示

02. 培训数据统计

培训结果考核

1. 考核成绩表

培训的目的是为了企业员工职业素养的提升，反馈培训结果的最好方式就是业务考核，因此每次培训之后，HR 都需要对参与培训的员工进行考核，这样才能掌握此次培训是否真的有效，也便于年度总结分析对比。

根据本次培训内容，需要明确部分内容的考核，设立评分机制，以总成绩来核定是否合格。

成绩表大致包括参与培训的员工以及各项成绩、总成绩和结果等方面内容，只要把这些内容填进去,清晰明了,没有太多的格式要求。下图是一张员工考核成绩表。

员工考核成绩表							
培训编号：BF202004		考核项（100分/项）				考核日期：3月20日	
工号	姓名	基础测试	选题表制作	封面结构	文案设计	总成绩	结果评定
BF027	刘X伟	100	95	94	97		
BF095	陈X波	100	92	79	86		
BF096	刘X诗	85	90	95	80		
BF097	赵X伟	92	96	92	75		
BF098	马X东	97	89	88	80		
BF123	陈X	89	84	94	78		
BF174	何X	95	97	85	95		
BF221	钱X爱	98	99	90	92		
BF234	孙X菲	98	98	92	86		
BF245	周X	90	100	98	88		
BF276	吴X丽	100	86	88	89		

图 364　员工考核成绩表

首先，各负责人评完分后，要进行总成绩的核算，在总成绩空白单元格中输入函数“=SUM（）”，然后移动鼠标，选择需要求和的单元格，按回车键，结果就出来了。最后，通过拖动填充功能将剩余单元格全部填充完毕即可。

AVERAGE　=SUM(C4:F4)

SUM(**number1**, [number2], ...)

A	B	C	D	E	F	G	H
员工考核成绩表							
培训编号：BF202004		考核项（100分/项）				考核日期：3月20日	
工号	姓名	基础测试	选题表制作	封面结构	文案设计	总成绩	结果评定
BF027	刘X伟	100	95	94	97	=SUM(C4:F4)	
BF095	陈X波	100	92	79	86		
BF096	刘X诗	85	90	95	80		
BF097	赵X伟	92	96	92	75		
BF098	马X东	97	89	88	80		
BF123	陈X	89	84	94	78		
BF174	何X	95	97	85	95		
BF221	钱X爱	98	99	90	92		
BF234	孙X菲	98	98	92	86		
BF245	周X	90	100	98	88		
BF276	吴X丽	100	86	88	89		

图 365　计算总成绩

之后，再添加结果评定，通过是否达标看最终成绩。比如总分 400 分，设定 350 分为及格线，低于 350 分均为不及格，就在需要填写结果的单元格输入函数“=CHOOSE(IF(G4>=350,1,2)," 达标 "," 未达标 ")”，然后点击回车键，再拖动鼠标填充，最终结果一目了然。

H4 ▼ fx =CHOOSE(IF(G4>=350,1,2),"达标","未达标")

员工考核成绩表

工号	姓名	基础测试	选题表制作	封面结构	文案设计	总成绩	结果评定
		培训编号：BF202004 考核项（100分/项）				考核日期：3月20日	
BF027	刘X伟	100	95	94	97	386	达标
BF095	陈X波	100	92	79	86	357	达标
BF096	刘X诗	85	90	95	80	350	达标
BF097	赵X伟	92	96	92	75	355	达标
BF098	马X东	97	89	88	80	354	达标
BF123	陈X	89	84	94	78	345	未达标
BF174	何X	95	97	85	95	372	达标
BF221	钱X爱	98	99	90	92	379	达标
BF234	孙X菲	98	98	92	86	374	达标
BF245	周X	90	100	98	88	376	达标
BF276	吴X丽	100	86	88	89	363	达标

图 366 使用 CHOOSE 函数

有时考核不仅仅是简单的达标和不达标两个标准。想要看某个员工在此次所有参与培训人员中的排名，如果根据总成绩排名，点击这个员工信息后面的一个空白单元格，然后输入函数"=RANK(G5,$G$4:$G$14)"，以下图为例时，G5是其总分的单元格位置，$G$4:$G$14 则是排名数据的范围。

AVERAGE ▼ =RANK(G5,$G$4:$G$14)

员工考核成绩表

工号	姓名	基础测试	选题表制作	封面结构	文案设计	总成绩	结果评定	
BF027	刘X伟	100	95	94	97	386	达标	
BF095	陈X波	100	92	79	86	357	达标	(G5,$G$4:G
BF096	刘X诗	85	90	95	80	350	达标	
BF097	赵X伟	92	96	92	75	355	达标	
BF098	马X东	97	89	88	80	354	达标	
BF123	陈X	89	84	94	78	345	未达标	
BF174	何X	95	97	85	95	372	达标	
BF221	钱X爱	98	99	90	92	379	达标	
BF234	孙X菲	98	98	92	86	374	达标	
BF245	周X	90	100	98	88	376	达标	
BF276	吴X丽	100	86	88	89	363		

图 367 使用 RANK 函数

再点击回车键，就能得出结果。如果想要查看所有人的排名，只需通过拖动鼠标填充操作即可完成。

工号	姓名	基础测试	选题表制作	封面结构	文案设计	总成绩	结果评定	
BF027	刘X伟	100	95	94	97	386	达标	1
BF095	陈X波	100	92	79	86	357	达标	7
BF096	刘X诗	85	90	95	80	350	达标	10
BF097	赵X伟	92	96	92	75	355	达标	8
BF098	马X东	97	89	88	80	354	达标	9
BF123	陈X	89	84	94	78	345	未达标	11
BF174	何X	95	97	85	95	372	达标	5
BF221	钱X爱	98	99	90	92	379	达标	2
BF234	孙X菲	98	98	92	86	374	达标	4
BF245	周X	90	100	98	88	376	达标	3
BF276	吴X丽	100	86	88	89	363	达标	6

图 368 最终结果展示

2. 年度培训成绩汇总

每次培训后需要相应的考核表，便于大数据比对，HR 需要建立年度考核情况汇总表，也就是整年所有培训对应人员的成绩。

年度培训成绩汇总包含培训课程编号、对应的培训课程、参与培训的员工以及当次培训最终成绩、最终评价等内容。

2020年度考核情况汇总					
课程编号	培训内容	工号	姓名	考核成绩	结果评定
BF202003	外版书策划方向	BF027	刘X伟	96	
BF202003	外版书策划方向	BF095	陈X波	92	
BF202003	外版书策划方向	BF096	刘X诗	87	
BF202003	外版书策划方向	BF097	赵X伟	90	
BF202003	外版书策划方向	BF098	马X东	98	
BF202003	外版书策划方向	BF123	陈X	88	
BF202004	专业提升	BF027	刘X伟	95	
BF202004	专业提升	BF095	陈X波	86	
BF202004	专业提升	BF096	刘X诗	77	
BF202004	专业提升	BF097	赵X伟	75	
BF202004	专业提升	BF098	马X东	93	
BF202004	专业提升	BF123	陈X	98	
BF202004	专业提升	BF073	李X晨	95	
BF202017	优秀文案设计	BF027	刘X伟	82	
BF202017	优秀文案设计	BF095	陈X波	93	
BF202017	优秀文案设计	BF096	刘X诗	65	
BF202017	优秀文案设计	BF097	赵X伟	78	
BF202017	优秀文案设计	BF098	马X东	95	
BF202017	优秀文案设计	BF123	陈X	97	
BF202017	优秀文案设计	BF073	李X晨	93	
BF202017	优秀文案设计	BF045	邓X茹	82	
BF202017	优秀文案设计	BF046	刘X寒	86	
BF202017	优秀文案设计	BF049	高X丽	98	
BF202017	优秀文案设计	BF050	王X	95	

图 369　使用 IF 函数

选中 F3 单元格，输入：=IF（E3 < 70," 未达标 ",IF(E3 < 90," 良好 ",IF(E3 < 100," 优秀 "))），之后点击回车键，通过下拉填充的方式代入公式，得出所有结果，或者一开始就选择结果评定下所有需要填充的单元格，直接键入公式后，按【Ctrl】加回车键组合，直接得出结果。具体使用哪种方式，要根据表格内容来决定。

2020年度考核情况汇总

课程编号	培训内容	工号	姓名	考核成绩	结果评定
BF202003	外版书策划方向	BF027	刘X伟	96	优秀
BF202003	外版书策划方向	BF095	陈X波	92	优秀
BF202003	外版书策划方向	BF096	刘X诗	87	良好
BF202003	外版书策划方向	BF097	赵X伟	90	优秀
BF202003	外版书策划方向	BF098	马X东	98	优秀
BF202003	外版书策划方向	BF123	陈X	88	良好
BF202004	专业提升	BF027	刘X伟	95	优秀
BF202004	专业提升	BF095	陈X波	86	良好
BF202004	专业提升	BF096	刘X诗	77	良好
BF202004	专业提升	BF097	赵X伟	75	良好
BF202004	专业提升	BF098	马X东	93	优秀
BF202004	专业提升	BF123	陈X	98	优秀
BF202004	专业提升	BF073	李X晨	95	优秀
BF202017	优秀文案设计	BF027	刘X伟	82	良好
BF202017	优秀文案设计	BF095	陈X波	93	优秀
BF202017	优秀文案设计	BF096	刘X诗	65	未达标
BF202017	优秀文案设计	BF097	赵X伟	78	良好
BF202017	优秀文案设计	BF098	马X东	95	优秀
BF202017	优秀文案设计	BF123	陈X	97	优秀
BF202017	优秀文案设计	BF073	李X晨	93	优秀
BF202017	优秀文案设计	BF045	邓X茹	82	良好
BF202017	优秀文案设计	BF046	刘X寒	86	良好
BF202017	优秀文案设计	BF049	高X丽	98	优秀
BF202017	优秀文案设计	BF050	王X	95	优秀

图 370　最终结果展示

培训结果统计分析

　　企业培训的目的是为了提升员工的职业素养，也是为了企业的进步发展。在年终总结的时候，为了更加全面地反映培训机制是否合理，培训是否有效，不但要对员工进行考核，也要对培训进行一定的"考核"，这样才知道设置的课程是否合理，是否有必要，以及需要提升的部分在哪里，这样才能让培训体系不断进步、完善。

　　培训后，需要进行培训情况的总结，将整个培训过程分成几部分来打分，这样才能确定是讲师有待提升还是培训结构有待调整。

　　先建立一张培训情况反馈表，录入基本的内容。

2020年度培训情况反馈表									
课程编号	讲师	具体参考项（10分/项）							总分 （70）
		课程安排 合理性	时间安排 合理性	培训形式	条理性 逻辑性	实际工作 应用度	内容前瞻度	教学方式 灵活性	

... 员工考核成绩表 | 年度考核成绩汇总 | 培训设计反馈表 | 年度培训汇总 ⊕

图 371 年度培训情况反馈表

导入年度培训汇总表，选定课程编号下的空白单元格，调出数据验证（数据有效性）对话框，允许选择序列，来源填写"=OFFSET(年度培训汇总 !$A$2,1,,COUNTA(年度培训汇总 !$A:$A)–2,)"，点击确定。

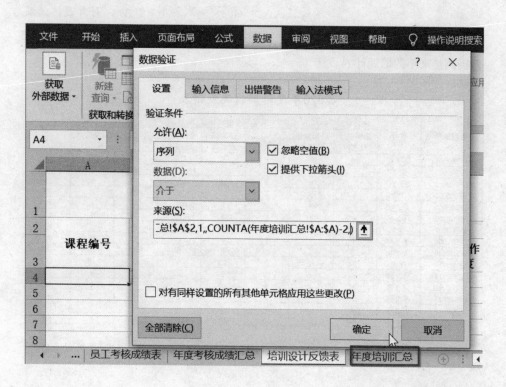

图 372 设置数据验证

之后再将课程对应的讲师信息填充进去，在各项评分结束后，选择总分下所有需要填充的单元格，然后用求和函数进行运算。

C4	▾	✕ ✓ fx	=SUM(C4:I4)						

▲	A	B	C	D	E	F	G	H	I	J
			SUM(number1, [number2], ...)						
2	课程编号	讲师	具体参考项（10分/项）							总分（70）
3			课程安排合理性	时间安排合理性	培训形式	条理性逻辑性	实际工作应用度	内容前瞻度	教学方式灵活性	
4	BF202001	陈 X 利	10	9	7	7	10	8	10	=SUM(C4:I4)
5	BF202002	何 X	8	7	10	4	7	6	9	
6	BF202003	李 X	10	6	5	10	5	9	8	
7	BF202004	李 X	7	9	5	10	9	8	10	
8	BF202005	邓 X 茹	7	9	6	9	8	4	6	
9	BF202006	马 X 东	6	8	8	5	7	7	7	
10	BF202007	李 X	8	7	9	8	6	8	5	
11	BF202008	李 X 丽	9	8	4	7	6	6	10	
12	BF202009	陈 X 利	10	9	10	9	8	8	10	
13	BF202010	李 X	9	10	9	10	9	5	10	
14	BF202011	赫 X 娜	6	4	10	8	7	4	9	
15	BF202012	赫 X 娜	5	4	9	10	5	7	9	
16	BF202013	赫 X 娜	6	7	9	9	6	7	10	
17	BF202014	吴 X 丽	10	10	7	7	8	5	7	
18	BF202015	何 X 赛	8	6	10	10	7	9	8	

图 373　计算最终结果

最后，按【Ctrl】加回车组合键，总分就计算出来了，可以通过分数的统计分析调整来年的培训计划。

2020年度培训情况反馈表

课程编号	讲师	具体参考项（10分/项）							总分（70）
		课程安排合理性	时间安排合理性	培训形式	条理性逻辑性	实际工作应用度	内容前瞻度	教学方式灵活性	
BF202001	陈 X 利	10	9	7	7	10	8	10	61
BF202002	何 X	8	7	10	4	7	6	9	51
BF202003	李 X	10	6	5	10	5	9	8	53
BF202004	李 X	7	9	5	10	9	8	10	58
BF202005	邓 X 茹	7	9	6	9	8	4	6	49
BF202006	马 X 东	6	8	8	5	7	7	7	48
BF202007	李 X	8	7	9	8	6	8	5	51
BF202008	李 X 丽	9	8	4	7	6	6	10	50
BF202009	陈 X 利	10	9	10	9	8	8	10	64
BF202010	李 X	9	10	9	10	9	5	10	62
BF202011	赫 X 娜	6	4	10	8	7	4	9	48
BF202012	赫 X 娜	5	4	9	10	5	7	9	49
BF202013	赫 X 娜	6	7	9	9	6	7	10	54
BF202014	吴 X 丽	10	10	7	7	8	5	7	54
BF202015	何 X 赛	8	6	10	10	7	9	8	58

图 374　最终结果展示

第五章

利用 Excel，轻松处理员工考勤

考勤是每个HR经常接触的基础工作，不管企业大小，考勤都是必不可少的，因为考勤与员工的薪资有着最直接的联系。同时，考勤也能反映出员工的工作状态以及企业管理情况。本章将细致讲解考勤板块会遇到的问题。

01. 基础考勤表

基本考勤模板

考勤相对来说数据非常多，而且很繁杂。制作考勤表的时候，要将这些数据完整而清晰地体现出来，就需要对表格进行设计。因此，基础考勤模板的制作是本章最主要的内容。

现在，考勤打卡基本都能直接导出 Excel 数据，我们只要制作一张考勤表模板，参照导出的数据按周填写即可。

首先，需要制作一张模板，先调整好格式，填写表头。

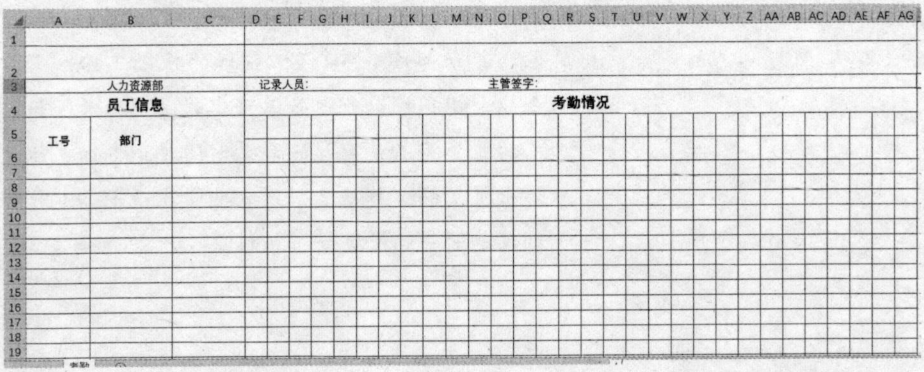

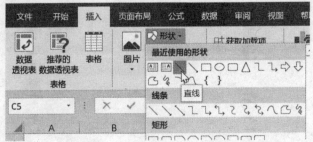

图 375　基础考勤模板

对于表头需要分割展现几个内容的，通过绘制线条进行隔开。以上图模板为例，打开插入工具栏，在形状下拉菜单选择直线选项。

图 376　选择直线

选择后，鼠标再移至编辑区的时候就会变成"+"。找好起点，点击鼠标拖动，到理想位置后松开，线条就绘制完成了。

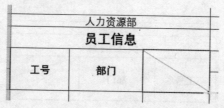

图 377 插入合适位置

绘制的线条默认是蓝色的，为了和表格统一，选中线条，打开格式工具栏，在形状样式中选择黑色，线条就会变成和表格框线一样的颜色。

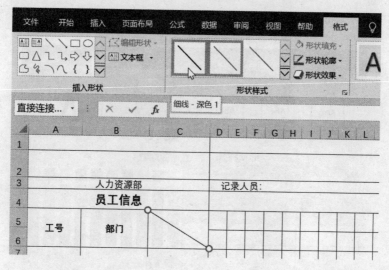

图 378 线条样式设计

全部绘制好需要的分割线后，在插入菜单栏中找到文本框下拉菜单，选中绘制横排文本框。

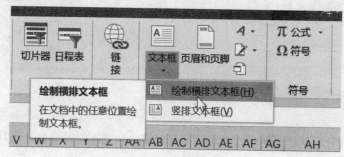

图 379 插入文本框

此时鼠标再次变成"+"，在需要输入文字的位置点击并拖动鼠标绘制文本框。

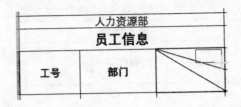

图 380　调整文本框位置

绘制好后，文本框默认是上图那样的。选择文本框，打开格式工具栏，在形状轮廓中选择无轮廓，去掉文本框。

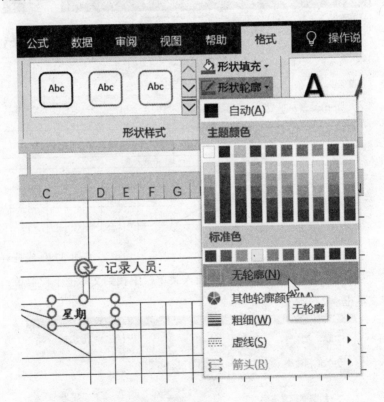

图 381　设置文本及文本框格式

之后打开形状填充菜单，通过选择无填充去掉文本框的底色，使其变透明，输入需要的文字内容，拖动文本框到合适的位置。

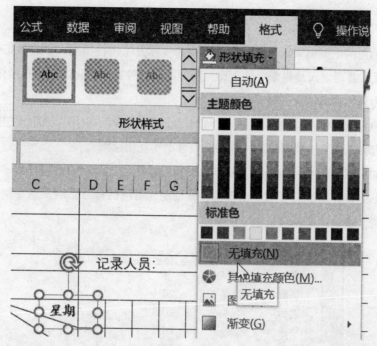

图 382　调整文本框样式

选中文本框，按【Ctrl+C】进行复制，按【Ctrl+V】反复粘贴，移动位置将其他内容填入进去，这样分割式表头就完成了。

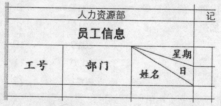

图 383　填入相关信息

将其他固定信息以及员工的基本信息录入考勤表，考勤的基本模板就完成了。

			年		月		本月应出勤天数		
						2020年3月考勤表			
人力资源部			记录人员：			主管签字：			
员工信息						考勤情况			
工号	部门	星期 姓名 日							
BF001	编辑1部	李 X							
BF027	编辑1部	刘 X 伟							
BF029	发行部	陈 X 利							
BF040	发行部	赵 X 远							
BF045	行政部	邓 X 茹							
BF046	行政部	刘 X 寒							
BF049	行政部	高 X 丽							
BF050	人事部	王 X							

图 384　最终模板样式

快速实现数据内容填充

考勤表的框架出来后，其他内容就要靠实际发生进行填充。企业员工会出现各种情况，普通录入是很繁重的工作，因此要用各种方式简化内容填充操作。

1. 为固定内容设置选择菜单

在原考勤表的工作簿中新建一个工作表，重命名为"引用"，填入想要快捷操作的内容，以通过数据验证（数据有效性）实现快速填充。

比如，在首行填写需要快捷操作的选项，如考勤、用以替代的符号、时间等。在表头下面，详细给出考勤中出现的各种情况、对应的符号，以及想要制作模板的有效期，如年、月……

	A	B	C	D
1	考勤	符号	年	月
2	正常	√	2010	1
3	迟到	Δ	2011	2
4	早退	□	2012	3
5	旷工	X	2013	4
6	事假	Ø	2014	5
7	病假	○	2015	6
8	休假	●	2016	7
9	出差	©	2017	8
10	加班	¢	2018	9
11			2019	10
12			2020	11
13			2021	12

考勤　引用　＋

图 385　添加引用工作表

之后，选中所有符号，打开公式工具栏，点击名称管理器。

图 386　选择符号打开名称管理器

在弹出的对话框中点击新建。

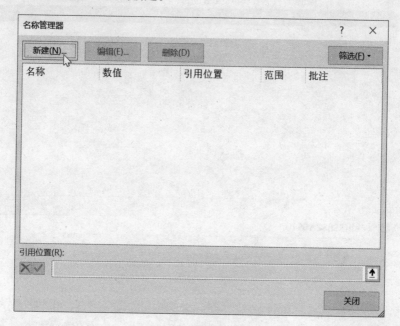

图 387　新建名称

　　再次弹出的新建名称对话框中，在名称文本框中输入符号，引用位置已经选择好了，是所有符号的位置，点击确定。

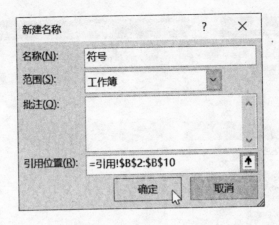

图 388 添加数据

回到名称管理器对话框，不要点击关闭，再次点击新建。

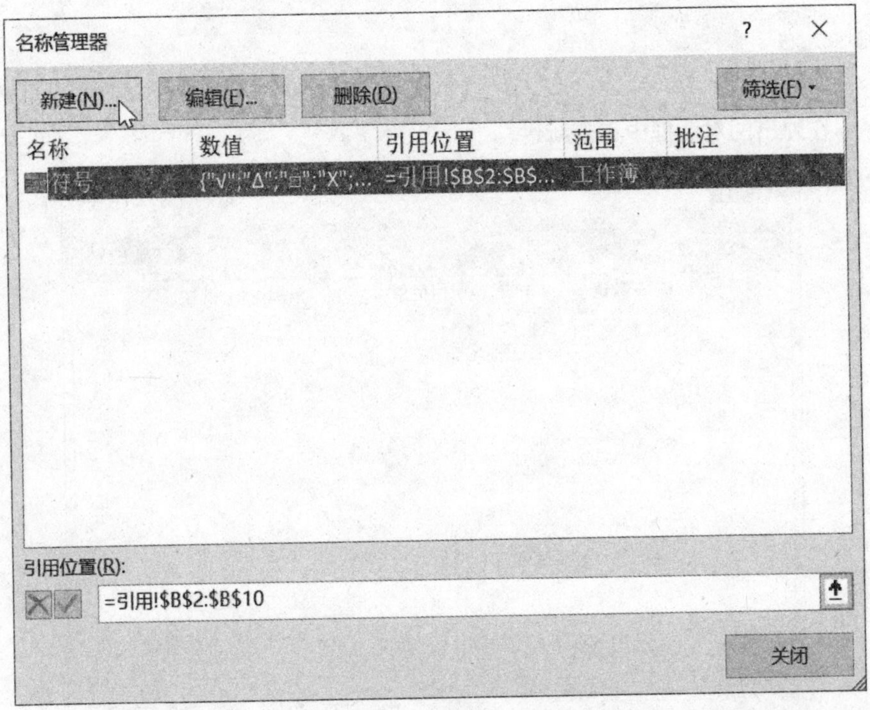

图 389 新建名称

之后仍会弹出一个和之前一样的新建名称对话框。在名称文本框中输入年，在引用位置文本框中输入或拖动鼠标选择年表头下所有数据位置，回到新建名称主对话框，点击确定。

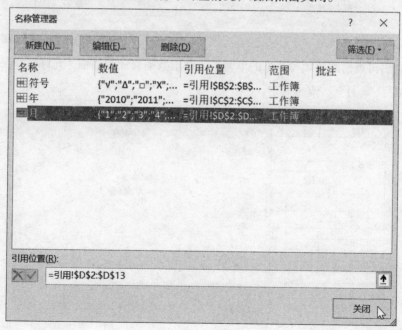

符号	年	月
√	2010	1
Δ	2011	2
□	2012	3
X	2013	4
∅	2014	5
○	2015	6
●	2016	7
©	2017	8
¢	2018	9
	2019	10
	2020	11
	2021	12

新建名称 - 引用位置：　　　　　　?　×

=引用!$C$2:$C$13

图 390　引用位置

重复前面的操作，直到符号、年和月的相关数据都填入进去，无须添加考勤
一列数据，它只是为了便于提示符号对应情况，最后点击关闭。

名称管理器　　　　　　　　　　　　　　?　×

| 新建(N)... | 编辑(E)... | 删除(D) | | 筛选(F)▾ |

名称	数值	引用位置	范围	批注
⊞ 符号	{"√";"Δ";"□";"X";...	=引用!$B$2:B...	工作簿	
⊞ 年	{"2010";"2011";...	=引用!$C$2:C...	工作簿	
⊞ 月	{"1";"2";"3";"4";...	=引用!$D$2:$D...	工作簿	

引用位置(R)：

X ✓　=引用!$D$2:$D$13

关闭

图 391　添加完成关闭

关闭之后，回到考勤表，选择需要输入日期的单元格，打开数据工具栏，选择数据验证选项，在弹出的对话框中，在允许选项中选择序列，来源直接填写"=年"，也就是刚刚添加的名称，点击确定。

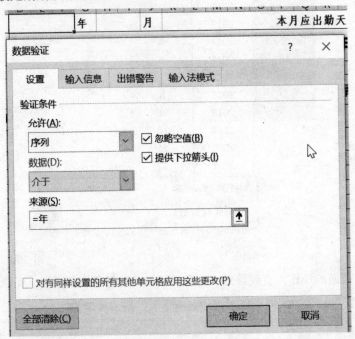

图 392　设置数据验证

之后再点击需要填写月份的单元格，调出数据验证对话框，允许选择序列，来源填写"=月"，点击确定。

图 393　填充条件

208

此时表头上的时间不用手动录入，通过下拉菜单可以直接选择。

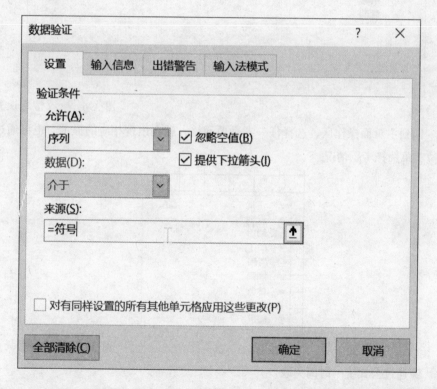

图 394　选择时间

再选定需要填充具体考勤情况的全部单元格，调出数据验证对话框，允许选择序列，来源填写"= 符号"。

图 395　数据验证设置

之后选择输入信息选项，在输入信息中填写符号对应的考勤情况，有了提示后再选择的时候不至于混淆，点击确定。

数据验证   ?   ✕

设置   **输入信息**   出错警告   输入法模式

☑ 选定单元格时显示输入信息(S)

选定单元格时显示下列输入信息:

标题(T):

[   ]

输入信息(I):

| √ 正常 |
| Δ 迟到 |
| □ 早退 |
| ✕ 旷工 |
| Ø 事假 |
| ○ 病假 |

全部清除(C)   **确定**   取消

图 396   输入信息设置

回到主页面操作区，选择任一考勤单元格，就会出现相应的提示。也可通过下拉菜单选择考勤情况。

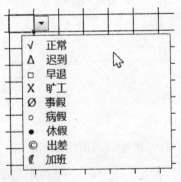

| √ 正常 |
| Δ 迟到 |
| □ 早退 |
| ✕ 旷工 |
| Ø 事假 |
| ○ 病假 |
| ● 休假 |
| © 出差 |
| 〖 加班 |

图 397   输入信息提示

2. 通过公式统一时间关联

想要考勤模板的操作更完整，需要填入每月具体的时间信息，通过公式，直接和年月建立关联，通过更改年月信息同步更改星期信息。

首先是出勤时间，选择要输入的出勤天数单元格，然后在英文输入法状态下

输入 "=NETWORKDAYS(DATE($D$1,$H$1,1),EOMONTH(DATE(D1,H1,1),0))"。其
中，$D$1 代表要关联的年份单元格位置，$H$1 则是要关联的月份单元格位置，
点击回车键，当月应出勤天数就能算出来。

AVERAGE	▼ (× ✔ ƒx	=NETWORKDAYS(DATE($D$1,$H$1,1),EOMONTH(DATE(D1,H1,1),0))

	A	B	C	D	E	F	G	H	I	J	K	L	M	N	O	P	Q	R	S	T	U
1		选择日期		2020		年		3		月						本月应出勤天数			=NE		天
2																**2020年3月考勤表**					
3		人力资源部				记录人员：															
4		**员工信息**														**考勤情况**					

图 398　使用 NETWORKDAYS 函数

之后，关联表头，这样更改时间的时候就不用再更改表头了。选择表头单元格，
在英文输入法状态下输入 "=TEXT(DATE(D1,H1,1),"e 年 M 月考勤表 ")"，点击回
车键。

AVERAGE	▼ (× ✔ ƒx	=TEXT(DATE(D1,H1,1),"e年M月考勤表")

	A	B	C	D	E	F	G	H	I	J	K	L	M	N	O	P	Q	R	S	T	U
1		选择日期		2020		年		3		月						本月应出勤天数			22		天
2	**=TEXT(DATE(D1,H1,1),"e年M月考勤表")**																				
3		人力资源部				记录人员：															
4		**员工信息**														**考勤情况**					

图 399　使用 TEXT 函数

通过下图看出，直接更改年份和月份信息，表头就会自动更新。

图 400　最终结果展示

接下来可以设置具体时间信息。先选择 "日" 后的第一个空白单元格，输入
"=IF(MONTH(DATE($D$1,$H$1,COLUMN(A1)))=$H$1,DATE($D$1,$H$1,COLUMN
(A1)),"")"，按回车键。

AVERAGE			▼ (× ✓ *fx*	=IF(MONTH(DATE($D$1,$H$1,COLUMN(A1)))=$H$1,DATE($D$1,$H$1,COLUMN(A1)),"")

表格内容：

选择日期 | 2020 年 10 月 | 本月应出勤天数 22 天

2020年10月考勤表

人力资源部 | 记录人员：

员工信息 | **考勤情况**

工号 | 部门 | 姓名 星期 日 | =IF

图 401　使用 IF 嵌套函数

此时可以看到，常规显示下，单元格中显示的是"###"，在开始工具栏中调出数字格式下拉菜单，选择其他数字格式。

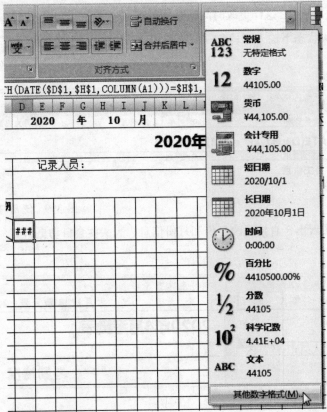

图 402　选择其他数字格式

在设置单元格格式对话框中分类选择自定义，在类型文本框中直接输入"d"，从示例中可以看到已经成为数字，之后点击确定，再通过横拉填充整行公式，完成信息的填充。

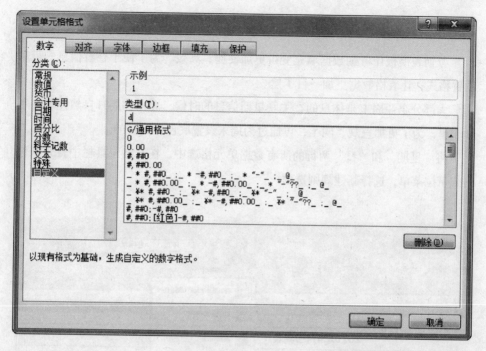

图 403　自定义格式设置

最后，只要关联日期对应的当月星期就可以了。选择要填充的星期单元格，英文输入法状态下输入"=TEXT(D6,"AAA")"。其中，D6 代表要填充内容的位置，点击回车键，通过横拉填充公式的方式将整行星期填充完整。完成这些操作后，只要调整表格最上方的年份和月份，表头、对应当月的星期信息以及当月应出勤的天数都会对应更新，这样一来，就无须每个月制作考勤表了。

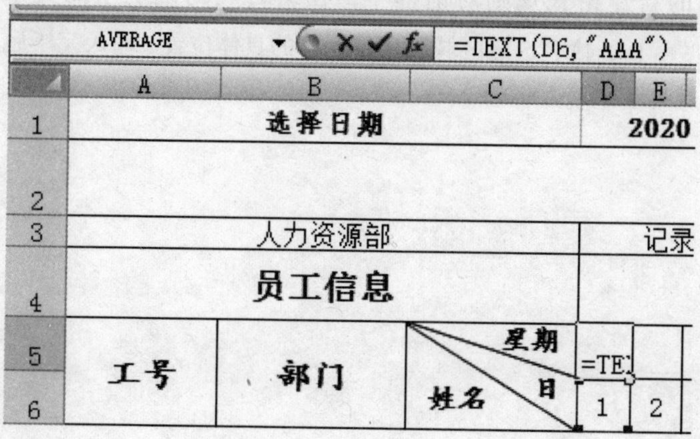

图 404　使用 TEXT 函数

设置格式提升表格清晰度

考勤表模板让考勤数据填充变得更加便捷、高效。为了便于查看信息，最后设置格式，让表格数据更加一目了然。

大部分企业周末是休息的，关联星期信息的时候，周六和周日自然体现在考勤表里，为了更加直观、明了，可通过为周末设置底色达到目的。

将"星期"和"日"两行的所有数据单元格选中，在开始工具栏中打开条件格式下拉菜单，选择新建规则选项。

图 405　点击新建规则

在弹出的新建格式规则对话框中，在编辑规则说明下的文本框中输入"=D$5="六""，D$5代表选定区域首个单元格的具体位置，输入完毕后点击格式。

图 406　选择规则类型点击格式

　　在弹出的设置单元格格式中选择填充，为单元格选择一个看着舒适的底色，也可设置字体，设置完毕后点击确定。

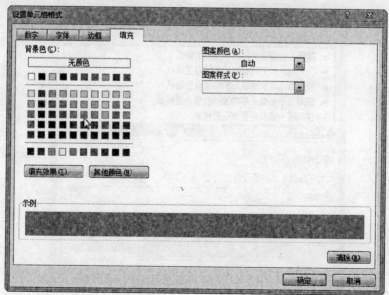

图 407　选择颜色填充

回到新建格式规则对话框，设定的底色就可以进行预览了，没有问题的话点击确定。

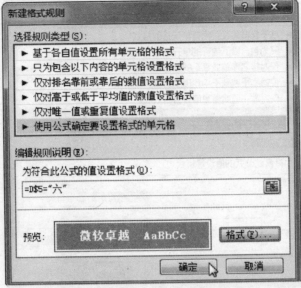

图 408　效果预览

再次调出新建格式规则对话框，此次在编辑规则说明文本框中输入"=D\$5=" 日 ""，再次设置格式，填充底色或修改字体，点击确定。完成这步操作后，所有的周末日期就会被填充上所选择的底色。

图 409　编辑规则说明并点击确定

　　一般情况，企业有很多员工，员工信息也很多，填写信息或查看的时候需要下拉表格。为了信息的明了和准确，可以通过冻结表头来实现。

　　将鼠标放在可移动的首行第一个单元格位置，打开视图工具栏，调出冻结窗格下拉菜单，选择冻结拆分窗格选项。这样不管怎样下拉菜单，定位在单元格上方的表头都会固定不动。

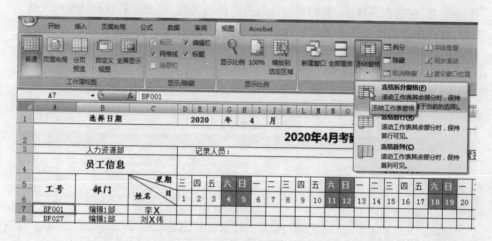

图 410　冻结窗格

　　最后，根据当月实际情况填写，一个月的考勤表就完成了。

图 411　最终结果展示

02. 出勤情况分析

月度出勤情况记录

　　考勤表是记录一个月考勤情况的，具体想要看一个月的出勤情况，要另外制作一张表。在这张表格中，我们要统计每月出勤的天数，以及各种缺勤情况的天数。

　　在已建立的考勤工作簿中新建一个工作表，取名为出勤情况记录表或者缺勤情况记录表。建在同一个工作簿中，是为了之后跨表格信息引用，然后像下图这样录入表头以及相关信息。

工号	部门	姓名	应出勤	实际出勤	迟到	早退	旷工	病假	事假	出差	加班
BF001	编辑1部	李X	22								
BF027	编辑1部	刘X伟									
BF029	发行部	陈X利									
BF040	发行部	赵X远									
BF045	行政部	邓X茹									
BF046	行政部	刘X寒									
BF049	行政部	高X丽									
BF050	人事部	王X									
BF057	人事部	刘X									
BF073	人事部	李X晨									
BF077	人事部	李X丽									
BF085	财务部	程X									
BF094	财务部	何X赛									
BF095	编辑2部	陈X波									
BF096	编辑2部	刘X诗									
BF097	编辑2部	赵X伟									
BF098	编辑2部	马X东									
BF101	市场部	刘X									
BF115	市场部	赫X娜									
BF123	编辑3部	陈X									
BF174	编辑3部	何X									
BF221	编辑3部	钱X爱									
BF234	编辑3部	孙X菲									
BF245	编辑3部	周X									
BF276	编辑3部	吴X丽									

2020年4月出勤情况记录表

图 412　出勤情况记录表模板

　　之后，点击应出勤表头下的空白单元格，在其中输入" = 考勤 !$T$1"，其中考勤是考勤表标签的名称，$T$1 则是考勤表中应出勤天数的单元格位置；进行完这步操作之后，点击回车键，再通过下拉填充的方式将空白单元格填满。

fx | =考勤!$T$1

姓名	应出勤
李 X	=考勤!$T$1
刘 X伟	
陈 X利	

图 413　引用数据

接下来，选中实际出勤下整列要填充的单元格，然后输入"=COUNTIF(考勤 !D7:AG7,"√")"。其中，D7:AG7 是所有填充考勤符号的区域，"√" 则表示统计其中带有这个符号的内容。填写完成后，按【Ctrl】加回车组合键，整列数据就都填充完整了。

AVERAGE ▼ × ✓ fx =COUNTIF(考勤!D7:AG7,"√")

工号	部门	姓名	应出勤	实际出勤
BF001	编辑1部	李X	22	37,"√")
BF027	编辑1部	刘X伟	22	
BF029	发行部	陈X利	22	
BF040	发行部	赵X远	22	
BF045	行政部	邓X茹	22	
BF046	行政部	刘X寒	22	
BF049	行政部	高X丽	22	

图 414　使用 COUNTIF 函数

按照之前的操作填充剩下的单元格：

迟到下单元格输入"=COUNTIF(考勤 !D7:AG7,"Δ")"；

早退下单元格输入"=COUNTIF(考勤 !D7:AG7," □ ")"；

旷工下单元格输入"=COUNTIF(考勤 !D7:AG7,"X")"；

……

以此类推，公式不变，选择的区域也不变，需要改变的只有""中代表相应内容的符号。进行完所有操作后，就会得到下面这张完整的记录表。

2020年4月出勤情况记录表

工号	部门	姓名	应出勤	实际出勤	迟到	早退	旷工	病假	事假	出差	加班
BF001	编辑1部	李X	22	20	0	1	0	0	0	0	1
BF027	编辑1部	刘X伟	22	21	0	0	0	0	1	0	1
BF029	发行部	陈X利	22	20	0	0	0	0	1	0	0
BF040	发行部	赵X远	22	18	0	0	1	3	0	0	1
BF045	行政部	邓X茹	22	22	0	0	0	0	0	0	0
BF046	行政部	刘X寒	22	21	0	1	0	0	0	0	0
BF049	行政部	高X丽	22	21	1	0	0	0	0	0	0
BF050	人事部	王X	22	21	0	1	0	0	0	0	2
BF057	人事部	刘X	22	22	0	0	0	0	0	0	0
BF073	人事部	李X晨	22	19	1	1	0	0	0	1	0
BF077	人事部	李X丽	22	17	0	0	0	1	0	0	0
BF085	财务部	程X	22	19	2	0	0	0	1	0	1
BF094	财务部	何X寒	22	22	0	0	0	0	0	0	1
BF095	编辑2部	陈X波	22	22	0	0	0	0	0	0	0
BF096	编辑2部	刘X诗	22	19	1	1	0	1	0	0	0
BF097	编辑2部	赵X伟	22	20	0	0	0	1	1	0	1
BF098	编辑2部	马X东	22	18	0	0	0	0	0	4	1
BF101	市场部	刘X	22	22	0	0	0	0	0	0	0
BF115	市场部	赫X娜	22	21	1	0	0	0	0	0	1
BF123	编辑3部	陈X	22	22	0	0	0	0	0	0	0
BF174	编辑3部	何X	22	22	0	0	0	0	0	0	0
BF221	编辑3部	钱X爱	22	21	0	0	0	1	0	0	0
BF234	编辑3部	孙X菲	22	20	0	1	0	0	1	0	0
BF245	编辑3部	周X	22	22	0	0	0	0	0	0	0
BF276	编辑3部	吴X丽	22	22	0	0	0	0	0	0	0

图 415　最终表格展示

不过，整张表格一眼看去并不能瞬间掌握具体迟到或早退的情况。如果想要一眼就看出来，那么选择迟到这一列的所有内容单元格，在开始工具栏的条件格式下拉菜单中找到突出显示单元格规则选项，选择大于。

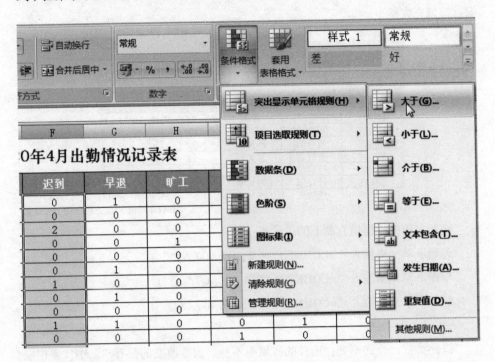

图 416 制定条件格式

在弹出的大于对话框中，在红框中输入 0，设置为选择一个喜欢的颜色，点击确定。

图 417 设置条件

之后，按照同样的操作还可以标注出早退，这样所有非 0 的数值就直接显现出来了，一眼就能看出谁迟到和早退及其具体信息。

2020年4月出勤情况记录表

工号	部门	姓名	应出勤	实际出勤	迟到	早退	旷工	病假	事假	出差	加班
BF001	编辑1部	李X	22	20	0	1	0	0	1	0	1
BF027	编辑1部	刘X伟	22	21	0	0	0	0	1	0	0
BF029	发行部	陈X利	22	20	2	0	0	0	0	0	0
BF040	发行部	赵X远	22	18	0	0	1	3	0	0	1
BF045	行政部	邓X茹	22	22	0	0	0	0	0	0	0
BF046	行政部	刘X寒	22	21	0	0	0	0	0	0	0
BF049	行政部	高X丽	22	21	0	1	0	0	0	0	0
BF050	人事部	王X	22	21	0	1	0	0	0	0	2
BF057	人事部	刘X	22	22	0	0	0	0	0	0	0
BF073	人事部	李X晨	22	19	1	1	0	0	0	0	0
BF077	人事部	李X据	22	17	0	0	0	1	1	0	0
BF085	财务部	程X	22	19	2	0	0	1	0	0	1
BF094	财务部	何X赛	22	22	0	0	0	0	0	0	1
BF095	编辑2部	陈X波	22	19	1	1	0	1	0	0	0
BF096	编辑2部	刘X诗	22	20	0	0	0	1	1	0	1
BF097	编辑2部	赵X伟	22	20	2	0	0	0	0	0	0
BF098	编辑2部	马X东	22	18	0	0	0	0	0	0	0
BF101	市场部	刘X	22	21	0	0	0	0	0	4	1
BF115	市场部	赫X郷	22	21	1	0	0	0	0	0	1
BF123	编辑3部	陈X	22	22	0	0	0	0	0	0	0
BF174	编辑3部	何X	22	22	0	0	0	0	0	0	0
BF221	编辑3部	钱X爱	22	21	0	0	0	0	0	0	0
BF234	编辑3部	孙X菲	22	20	0	0	0	1	0	0	1
BF245	编辑3部	周X	22	22	0	1	0	1	0	0	1
BF276	编辑3部	吴X丽	22	22	0	0	0	0	0	0	0

图 418　最终结果展示

年度出勤情况统计

在年终对员工进行评价的时候，考勤是很重要的方面，毕竟一定程度上，它反映出一年中该员工的工作时间以及工作态度。为此，每月都要统计一次，表格越简便越好，只保留姓名以及各种主观缺勤项（不包含出差），并将这些表格建立在同一工作簿中。

当需要进行年度总结的时候，就在这个工作簿中再建立同格式的表格，更改标签名为"年度出勤情况统计"，选择整个表格需要填充的内容。

姓名	迟到	早退	旷工	病假	事假

| 1月 | 2月 | 3月 | 4月 | 5月 | 6月 | 7月 | 8月 | 9月 | 10月 | 11月 | 12月 | 年度出勤情况统计 |

图 419　年度出勤情况统计表模板

之后，打开数据工具栏，找到合并计算。

图 420　点击合并计算

选择后会弹出一个对话框，函数默认求和，先勾选最左列，之后点击引用位置文本框右侧的位置引用按钮。

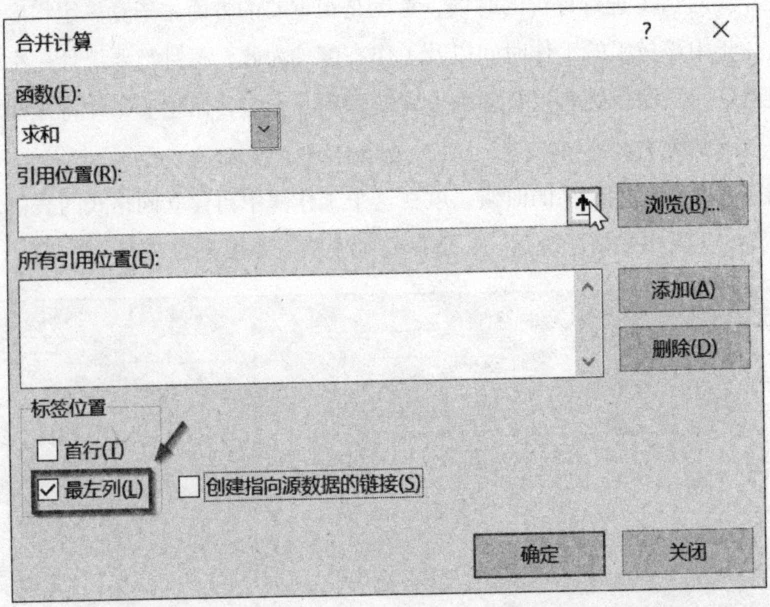

图 421　勾选最左列

点击之后，直接打开 1 月标签的工作表，然后选择表头下的全部内容，再点击箭头指向位置，回到上一级菜单。

合并计算 - 引用位置：   ？   ×

'1月'!$A$2:$F$26

李 X	0	1	0	0	1
刘 X 伟	0	0	0	0	1
陈 X 利	2	0	0	0	0
赵 X 远	0	0	1	3	0
邓 X 茹	0	0	0	0	0
刘 X 寒	0	1	0	0	0
高 X 丽	1	0	0	0	0
王 X	0	1	0	0	0
刘 X	0	0	0	0	0
李 X 晨	1	1	0	0	1
李 X 丽	0	0	0	1	0
程 X	2	0	0	1	0
何 X 赛	0	0	0	0	0
陈 X 波	1	1	0	1	0
刘 X 诗	0	0	0	1	1
赵 X 伟	2	0	0	0	0
马 X 东	0	0	0	0	0
刘 X	0	0	0	0	0
赫 X 娜	1	0	0	0	0
陈 X	0	0	0	0	0
何 X	0	0	0	0	0

› .. | 1月 | 2月 | 3月 | 4月 | 5月 | 6月 | 7月 | 8月 | 9月 | 10月 | 11月 | 12月

图 422　选择引用区域

　　回到合并计算对话框后，点击添加，把之前引用的位置添加到所有引用位置框中；再次点击引用位置对话框右侧位置引用按钮，此次打开 2 月标签工作表，和 1 月工作表一样，选择表头下所有包含数据的单元格，再次回到合并计算界面，点击添加。

合并计算   ？   ×

函数(F)：

求和

引用位置(R)：

'1月'!$A$2:$F$26   ↑   浏览(B)...

所有引用位置(E)：

'1月'!$A$2:$F$26   ∧   添加(A)
                                              ∨   删除(D)

标签位置
☐ 首行(T)
☑ 最左列(L)　☐ 创建指向源数据的链接(S)

确定　　关闭

图 423　添加引用区域

223

多次重复操作，直至 12 个月的内容都添加到所有引用位置，再点击确定。

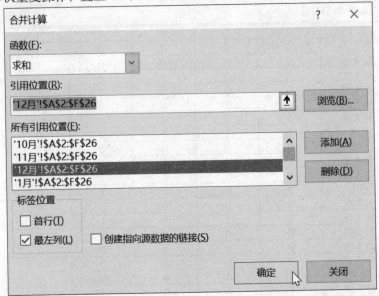

图 424 添加完成后点击确定

这下就能够在最短的时间内得到每个员工一年中缺勤的具体汇总数据了。

姓名	迟到	早退	旷工	病假	事假
李 X	0	1	0	4	4
刘 X 伟	3	0	0	0	1
陈 X 利	2	0	0	2	0
赵 X 远	2	2	1	3	0
邓 X 茹	7	3	0	1	1
刘 X 寒	6	3	0	0	2
高 X 丽	2	2	0	2	0
王 X	0	2	0	1	4
刘 X	5	3	0	2	1
李 X 晨	4	1	0	0	1
李 X 丽	2	1	0	1	0
程 X	7	2	0	1	0
何 X 赛	3	1	0	0	0
陈 X 波	2	2	0	7	0
刘 X 诗	9	1	0	2	2
赵 X 伟	3	0	0	3	2
马 X 东	2	1	1	0	1
刘 X	8	2	0	0	1
赫 X 娜	7	0	0	1	1
陈 X	0	0	0	0	0
何 X	10	0	0	0	0
钱 X 爱	1	1	0	6	1
孙 X 菲	0	1	0	1	0
周 X	3	0	0	1	0
吴 X 丽	4	0	0	0	0

图 425 最终数据汇总

各部门出勤率统计

　　HR进行数据分析的时候，经常会进行部门与部门间的比对，考勤情况也是一样。
通常是按照百分比进行对比的，为此，要建立一张比率统计表格，填写需要的数据。

4月份出勤情况统计

工号	部门	姓名	出勤率	迟到率	早退率	旷工率	病假率	事假率
BF001	编辑1部	李 X						
BF027	编辑1部	刘 X 伟						
BF029	发行部	陈 X 利						
BF040	发行部	赵 X 远						
BF045	行政部	邓 X 茹						
BF046	行政部	刘 X 寒						
BF049	行政部	高 X 丽						
BF050	人事部	王 X						
BF057	人事部	刘 X						
BF073	人事部	李 X 晨						
BF077	人事部	李 X 丽						
BF085	财务部	程 X						
BF094	财务部	何 X 赛						
BF095	编辑2部	陈 X 波						
BF096	编辑2部	刘 X 诗						
BF097	编辑2部	赵 X 伟						
BF098	编辑2部	马 X 东						
BF101	市场部	刘 X						

考勤 ｜ 引用 ｜ 缺勤记录表 ｜ 出勤情况统计　　⊕

图 426　出勤情况统计表

　　将光标移至出勤率下第一空白单元格，输入"= 缺勤记录表 !E3/ 缺勤记录
表 !D3"，其中 E3 代表缺勤记录表中李 × 实际出勤天数的单元格位置；D3 则是
应出勤天数下第一单元格的位置，输入完毕后点击回车键，比率就计算出来了。

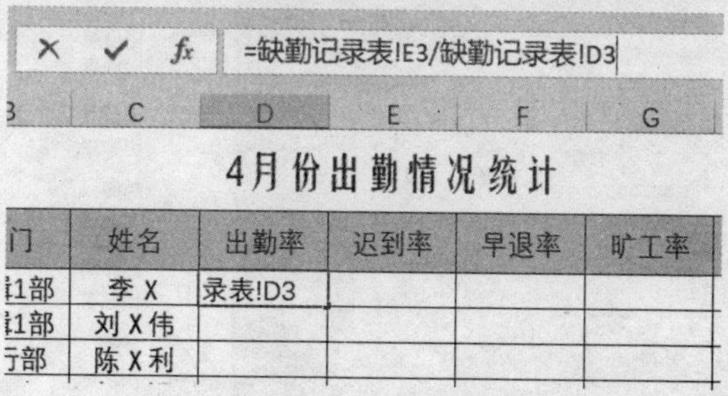

× ✓ ƒx　=缺勤记录表!E3/缺勤记录表!D3

4月份出勤情况统计

门	姓名	出勤率	迟到率	早退率	旷工率
辑1部	李 X	录表!D3			
辑1部	刘 X 伟				
行部	陈 X 利				

图 427　引用数据

　　之后通过下拉填充的方式将所有人的出勤率计算出来。计算迟到率也是一样，
选定整列需要填充数据的单元格，输入"= 缺勤记录表 !F3/ 缺勤记录表 !D3"。

F3 是缺勤记录表中李 × 迟到天数所在的位置，早退率、旷工率等公式都一样，而且 "/" 后面的内容不变，都与应出勤天数相除。公式填写完后，按【Ctrl】加回车键完成整列数据的填充。

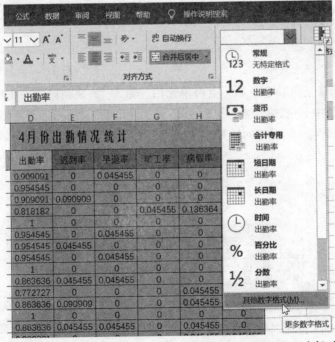

| | | | fx | =缺勤记录表!F3/缺勤记录表!D3 |

4月份出勤情况统计

工号	部门	姓名	出勤率	迟到率	早退率	旷工率	病假率	事假率
BF001	编辑1部	李 X	0.909091	录表!D3				
BF027	编辑1部	刘 X伟	0.954545					
BF029	发行部	陈 X利	0.909091					
BF040	发行部	赵 X远	0.818182					
BF045	行政部	邓 X茹	1					
BF046	行政部	刘 X寒	0.954545					
BF049	行政部	高 X丽	0.954545					
BF050	人事部	王 X	0.954545					

图 428　引用数据

当所有的数据都已计算填充完毕后，选择所有数据单元格，在开始工具栏的数字选项中通过下拉菜单选择 "其他数字格式"，将这些小数变成百分比。

图 429　选择其他数字格式

在设置单元格格式对话框中，分类选择百分比，小数位数按照习惯来设定，默认是 2，也可以改成 1，点击确定。

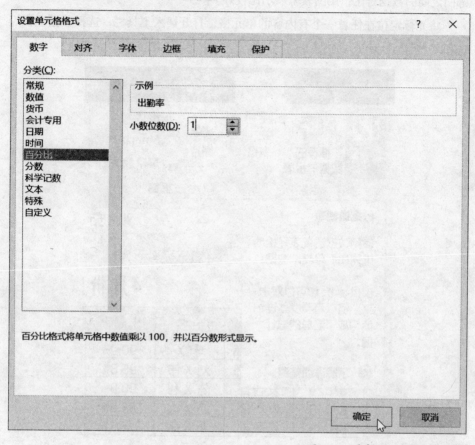

图 430　选择百分比点击确定

如下图所示，所有的百分比看上去比一堆小数要好多了。

4月份出勤情况统计

工号	部门	姓名	出勤率	迟到率	早退率	旷工率	病假率	事假率
BF001	编辑1部	李 X	90.9%	0.0%	4.5%	0.0%	0.0%	4.5%
BF027	编辑1部	刘 X伟	95.5%	0.0%	0.0%	0.0%	0.0%	4.5%
BF029	发行部	陈 X利	90.9%	9.1%	0.0%	0.0%	0.0%	0.0%
BF040	发行部	赵 X远	81.8%	0.0%	0.0%	4.5%	13.6%	0.0%
BF045	行政部	邓 X茹	100.0%	0.0%	0.0%	0.0%	0.0%	0.0%
BF046	行政部	刘 X寒	95.5%	0.0%	4.5%	0.0%	0.0%	0.0%
BF049	行政部	高 X丽	95.5%	4.5%	0.0%	0.0%	0.0%	0.0%
BF050	人事部	王 X	95.5%	0.0%	4.5%	0.0%	0.0%	0.0%
BF057	人事部	刘 X	100.0%	0.0%	0.0%	0.0%	0.0%	0.0%
BF073	人事部	李 X晨	86.4%	4.5%	4.5%	0.0%	0.0%	4.5%
BF077	人事部	李 X丽	77.3%	0.0%	0.0%	0.0%	4.5%	0.0%

图 431　最终结果展示

　　每个员工的出勤率已经得到，可以进行下一步操作。为了更加直观地展现各部门之间的数据对比，用图表来展示比较好。

　　将光标定位在任意一个有内容的单元格，打开插入工具栏，选择数据透视表选项。

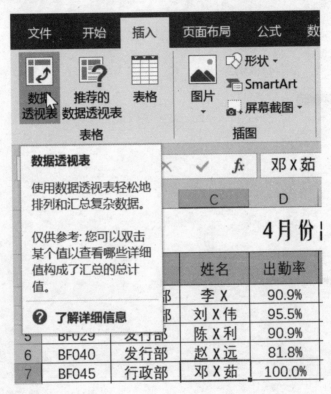

图 432　插入数据透视表

　　在弹出的创建数据透视表对话框中，表 / 区域文本框中除一级表头之外的所有内容单元格位置通常是默认的，可以不用选择。对于选择放置数据透视表的位置，这里选择新工作表选项，点击确定。

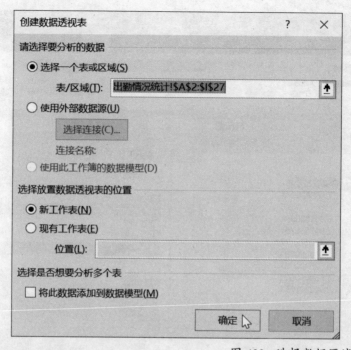

图 433　选择数据区域点击确定

　一张新的带有数据透视表的工作表就出现了，可给标签重命名。

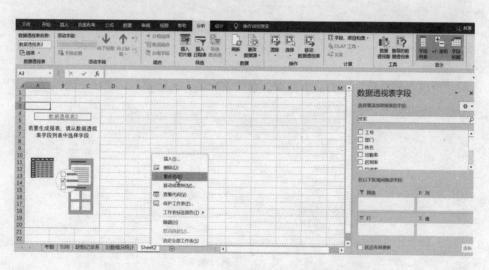

图 434　重命名新工作表

　　之后，在数据透视表字段下勾选部门和出勤率，右侧编辑区就会出现相应的
信息。

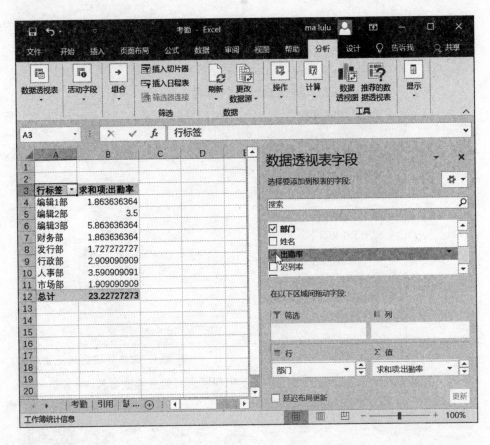

图 435　选择相应数据

可以看到"值"下的文本框默认是"求和项：出勤率"，调出下拉菜单，点击值字段设置。

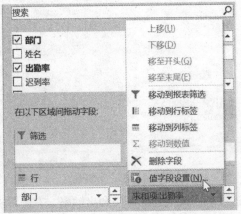

图 436　选择值字段设置

在弹出的对话框中，将计算类型更改为平均值，点击确定。

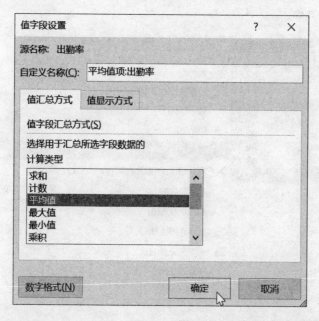

图 437 选择平均值点击确定

之后选择出勤率一列单元格，数字选项直接选择百分比。

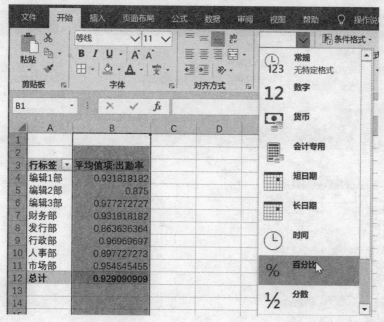

图 438 结果格式选择百分比展示

这样出勤率就按照百分比来展现了。为了更加美观，右键单击其中一个数据，在排序中选择升序。

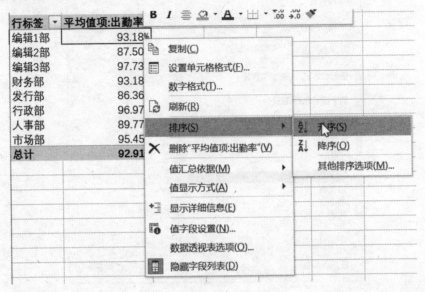

图 439　出勤率排序

最后，在分析工具栏中找到数据透视图选项，点击。

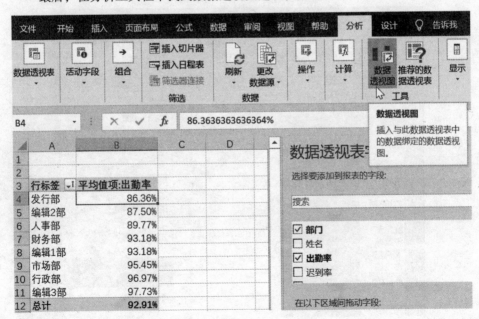

图 440　插入数据透视图

232

插入图表对话框中，可以选择一种理想的图，如簇状柱形图，点击确定。

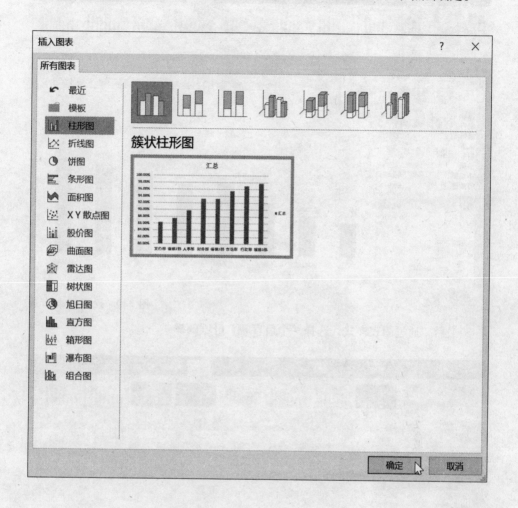

图 441　选择图表类型

所有数据就以图片的形式插入工作表了。通过设计工具栏中的快速布局，可以选择图表的布局结构，选择一种自己觉得美观的即可。

233

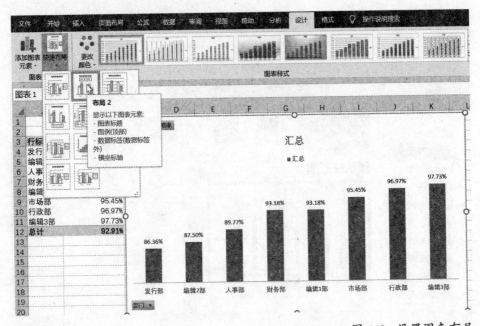

图 442　设置图表布局

最后，通过图表样式，选择一个最直观、舒服的样式。

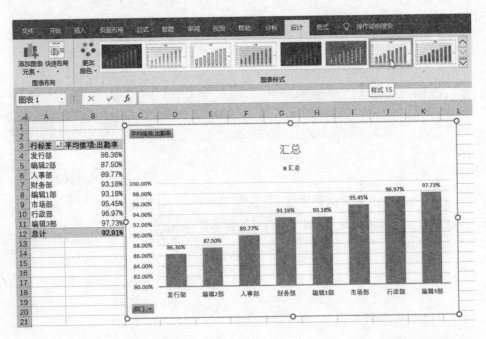

图 443　设置图表样式

将表头输入文本框，所有操作就完成了。部门出勤率统计图就很直观地展现在面前了。

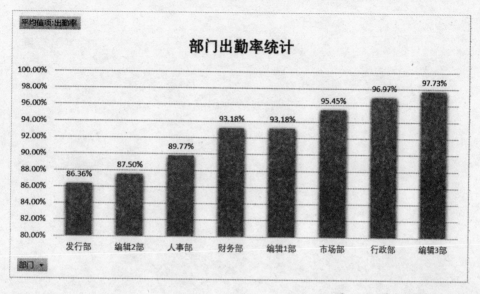

图 444 透视图最终效果

第六章

应用 Excel，让薪酬管理最简化

薪酬是员工与企业之间最直接的联系，员工为企业工作，获取企业给予的报酬。薪酬除了基础薪资外，还包括奖金、提成、社保、补助津贴以及年假等。而且，每个人的薪酬都不一样，这使得薪酬数据非常繁杂。本章将通过各种薪资、福利数据的处理方法以及不同类别的报表制作来介绍HR如何简化薪酬管理工作。

01. 常见的薪酬福利表

基本工资

1. 员工基础工资表

每个企业都有自己的薪酬体系。通常来讲，为了避免人才流失，很多企业会设定工龄工资，也就是随着企业工作年限的增长，工资也按照每年固定数额递增。员工的基础工资除了基本工资外，还会加上工龄工资。

基础工资表的表头一般包含员工的工号、姓名、部门、职务、基本工资这些基本信息，还包括入职时间，便于计算和更新工龄，由此计算工龄工资。下图就是一张简单的基础工资表。

基础工资表

工号	姓名	性别	部门	职务	入职时间	工龄	工龄工资	基本工资
BF001	李X	女	编辑1部	主任	2011/3/5			8500
BF027	刘X伟	男	编辑1部	策划编辑	2016/6/1			7000
BF029	陈X利	男	发行部	发行经理	2015/2/8			9000
BF040	赵X远	男	发行部	发行助理	2018/10/8			5500
BF045	邓X茹	女	行政部	行政主管	2019/5/7			8000
BF046	刘X寒	男	行政部	网管	2017/9/3			5200
BF049	高X丽	男	行政部	后勤主管	2017/9/3			6000
BF050	王X	男	人事部	人事经理	2013/3/7			8500
BF057	刘X	男	人事部	培训专员	2016/7/7			5000
BF073	李X晨	女	人事部	招聘专员	2018/4/3			5000
BF077	李X丽	女	人事部	人事专员	2019/2/1			5000
BF085	程X	女	财务部	会计	2017/6/7			9500
BF094	何X赛	女	财务部	出纳	2014/4/20			5200
BF095	陈X波	女	编辑2部	责任编辑	2016/6/17			6700
BF096	刘X诗	女	编辑2部	责任编辑	2017/11/1			7500
BF097	赵X伟	男	编辑2部	封面设计	2012/1/1			8600
BF098	马X东	男	编辑2部	策划编辑	2014/12/1			7500
BF101	刘X	女	市场部	宣传策划	2020/1/3			8500
BF115	赫X娜	女	市场部	活动策划	2018/3/1			9000
BF123	陈X	男	编辑3部	美术编辑	2016/6/1			7500
BF174	何X	男	编辑3部	美术编辑	2016/6/1			6500
BF221	钱X爱	女	编辑3部	责任编辑	2019/2/1			7000
BF234	孙X菲	女	编辑3部	排版	2017/3/1			5500
BF245	周X	男	编辑3部	排版	2016/5/1			6000
BF276	吴X丽	女	编辑3部	排版	2012/7/1			7000

图 445 基础工资表

计算工龄有快捷方法：选中工龄一列的空白单元格，然后输入函数 "=YEAR(TODAY( ))–YEAR(F3)"。函数中的F3是对应入职时间的单元格位置，这个函数以计算当天为截止日期来计算。

AVERAGE	▾	× ✔ ƒx	=YEAR(TODAY( ))–YEAR(F3)						
A	B	C	D	E	F	G	H	I	
基础工资表									
工号	姓名	性别	部门	职务	入职时间	工龄	工龄工资	基本工资	
BF001	李X	女	编辑1部	主任	2011/3/5	=YEAR(TOD.		8500	
BF027	刘X伟	男	编辑1部	策划编辑	2016/6/1			7000	
BF029	陈X利	男	发行部	发行经理	2015/2/8			9000	
BF040	赵X远	男	发行部	发行助理	2018/10/8			5500	
BF045	邓X茹	女	行政部	行政主管	2019/5/7			8000	
BF046	刘X寒	男	行政部	网管	2018/5/7			5200	
BF049	高X丽	男	行政部	后勤主管	2017/9/3			6000	
BF050	王X	男	人事部	人事经理	2013/3/7			8500	
BF057	刘X	男	人事部	培训专员	2016/7/7			5000	
BF073	李X晨	女	人事部	招聘专员	2018/4/3			5000	
BF077	李X丽	女	人事部	人事专员	2019/2/1			5000	
BF085	程X	女	财务部	会计	2017/6/7			9500	
BF094	何X赛	女	财务部	出纳	2014/4/20			5200	
BF095	陈X波	女	编辑2部	责任编辑	2016/6/17			6700	
BF096	刘X诗	女	编辑2部	责任编辑	2017/11/1			7500	
BF097	赵X伟	男	编辑2部	封面设计	2012/1/1			8600	
BF098	马X东	男	编辑2部	策划编辑	2014/12/1			7500	
BF101	刘X	女	市场部	宣传策划	2020/1/3			8500	
BF115	赫X娜	女	市场部	活动策划	2018/3/1			9000	
BF123	陈X	男	编辑3部	美术编辑	2016/6/1			7500	
BF174	何X	男	编辑3部	美术编辑	2016/6/1			6500	
BF221	钱X爱	女	编辑3部	责任编辑	2019/2/1			7000	
BF234	孙X菲	女	编辑3部	排版	2017/3/1			5500	
BF245	周X	男	编辑3部	排版	2016/5/1			6000	
BF276	吴X丽	女	编辑3部	排版	2012/7/1			7000	

图 446　使用 YEAR 函数

输入函数之后，按【Ctrl】加回车组合键就可以得出结果。但这一列默认是显示日期的，需要更改其格式：打开开始工具栏，点击数字显示下拉菜单，选择常规。这样工龄就能够正常显示了。

	开始	插入	页面布局	公式	数据	审阅	视图	Acrobat		

G3 =YEAR(TODAY())−YEAR(F3)

基础工资表

工号	姓名	性别	部门	职务	入职时间	工龄		
BF001	李X	女	编辑1部	主任	2011/3/5	1900/1/9		
BF027	刘X伟	男	编辑1部	策划编辑	2016/6/1	1900/1/4		
BF029	陈X利	男	发行部	发行经理	2015/2/8	1900/1/5		
BF040	赵X远	男	发行部	发行助理	2018/10/8	1900/1/2		
BF045	邓X茹	女	行政部	行政主管	2019/5/7	1900/1/1		
BF046	刘X寒	男	行政部	网管	2018/5/1	1900/1/2		
BF049	高X丽	男	行政部	后勤主管	2017/9/3	1900/1/3		
BF050	王X	男	人事部	人事经理	2013/3/7	1900/1/7		
BF057	刘X	男	人事部	培训专员	2016/7/7	1900/1/4		
BF073	李X晨	女	人事部	招聘专员	2018/4/3	1900/1/2		
BF077	李X丽	女	人事部	人事专员	2019/2/1	1900/1/1		
BF085	程X	女	财务部	会计	2017/6/7	1900/1/3		
BF094	何X赛	女	财务部	出纳	2014/4/20	1900/1/6		
BF095	陈X波	女	编辑2部	责任编辑	2016/6/17	1900/1/4		
BF096	刘X诗	女	编辑2部	责任编辑	2017/11/1	1900/1/3		
BF097	赵X伟	男	编辑2部	封面设计	2012/1/1	1900/1/8		
BF098	马X东	男	编辑2部	策划编辑	2014/12/1	1900/1/6		
BF101	刘X	女	市场部	宣传策划	2020/1/3	1900/1/0		
BF115	赫X娜	女	市场部	活动策划	2018/3/1	1900/1/2		
BF123	陈X	男	编辑3部	美术编辑	2016/6/1	1900/1/4		7500
BF174	何X	男	编辑3部	美术编辑	2016/6/1	1900/1/4		6500
BF221	钱X爱	女	编辑3部	责任编辑	2019/2/1	1900/1/1		7000
BF234	孙X菲	女	编辑3部	排版	2017/3/1	1900/1/3		5500
BF245	周X	男	编辑3部	排版	2016/5/1	1900/1/4		6000
BF276	吴X丽	女	编辑3部	排版	2012/7/1	1900/1/8		7000

数字显示格式下拉菜单：

ABC 123	常规 无特定格式
12	数字 9.00
	货币 ¥9.00
	会计专用 ¥9.00
	短日期 1900/1/9
	长日期 1900年1月9日
	时间 0:00:00
%	百分比 900.00%
½	分数 9
10²	科学记数 9.00E+00
ABC	文本 9

其他数字格式(M)...

图 447 设置数字显示格式

　　至于工龄工资，也可通过函数计算来完成。比如，企业规定 3 年以上的员工开始有工龄工资，按每年 100 元递增，就可以选择工龄工资一列的空白单元格，输入函数 "=IF(G3<=3,0,(G3−3)*100)"，然后按【Ctrl】加回车键。

AVERAGE	▼	(	×	✓	*fx*	=IF(G3<=3, 0, (G3-3)*100)		
A	B	C	D	E	F	G	H	I

<table>
<tr><td colspan="9" align="center">**基础工资表**</td></tr>
<tr><td>工号</td><td>姓名</td><td>性别</td><td>部门</td><td>职务</td><td>入职时间</td><td>工龄</td><td>工龄工资</td><td>基本工资</td></tr>
<tr><td>BF001</td><td>李X</td><td>女</td><td>编辑1部</td><td>主任</td><td>2011/3/5</td><td>9</td><td>-3)*100)</td><td>8500</td></tr>
<tr><td>BF027</td><td>刘X伟</td><td>男</td><td>编辑1部</td><td>策划编辑</td><td>2016/6/1</td><td>4</td><td></td><td>7000</td></tr>
<tr><td>BF029</td><td>陈X利</td><td>男</td><td>发行部</td><td>发行经理</td><td>2015/2/8</td><td>5</td><td></td><td>9000</td></tr>
<tr><td>BF040</td><td>赵X远</td><td>男</td><td>发行部</td><td>发行助理</td><td>2018/10/8</td><td>2</td><td></td><td>5500</td></tr>
<tr><td>BF045</td><td>邓X茹</td><td>女</td><td>行政部</td><td>行政主管</td><td>2019/5/7</td><td>1</td><td></td><td>8000</td></tr>
<tr><td>BF046</td><td>刘X寒</td><td>男</td><td>行政部</td><td>网管</td><td>2018/5/7</td><td>2</td><td></td><td>5200</td></tr>
<tr><td>BF049</td><td>高X丽</td><td>男</td><td>行政部</td><td>后勤主管</td><td>2017/9/3</td><td>3</td><td></td><td>6000</td></tr>
<tr><td>BF050</td><td>王X</td><td>男</td><td>人事部</td><td>人事经理</td><td>2013/3/7</td><td>7</td><td></td><td>8500</td></tr>
<tr><td>BF057</td><td>刘X</td><td>男</td><td>人事部</td><td>培训专员</td><td>2016/7/7</td><td>4</td><td></td><td>5000</td></tr>
<tr><td>BF073</td><td>李X晨</td><td>女</td><td>人事部</td><td>招聘专员</td><td>2018/4/3</td><td>2</td><td></td><td>5000</td></tr>
<tr><td>BF077</td><td>李X丽</td><td>女</td><td>人事部</td><td>人事专员</td><td>2019/2/1</td><td>1</td><td></td><td>5000</td></tr>
<tr><td>BF085</td><td>程X</td><td>女</td><td>财务部</td><td>会计</td><td>2017/6/7</td><td>3</td><td></td><td>9500</td></tr>
<tr><td>BF094</td><td>何X赛</td><td>女</td><td>财务部</td><td>出纳</td><td>2014/4/20</td><td>6</td><td></td><td>5200</td></tr>
<tr><td>BF095</td><td>陈X波</td><td>女</td><td>编辑2部</td><td>责任编辑</td><td>2016/6/17</td><td>4</td><td></td><td>6700</td></tr>
<tr><td>BF096</td><td>刘X诗</td><td>女</td><td>编辑2部</td><td>责任编辑</td><td>2017/11/1</td><td>3</td><td></td><td>7500</td></tr>
<tr><td>BF097</td><td>赵X伟</td><td>男</td><td>编辑2部</td><td>封面设计</td><td>2012/1/1</td><td>8</td><td></td><td>8600</td></tr>
<tr><td>BF098</td><td>马X东</td><td>男</td><td>编辑2部</td><td>策划编辑</td><td>2014/12/1</td><td>6</td><td></td><td>7500</td></tr>
<tr><td>BF101</td><td>刘X</td><td>女</td><td>市场部</td><td>宣传策划</td><td>2020/1/3</td><td>0</td><td></td><td>8500</td></tr>
<tr><td>BF115</td><td>赫X娜</td><td>女</td><td>市场部</td><td>活动策划</td><td>2018/3/1</td><td>2</td><td></td><td>9000</td></tr>
<tr><td>BF123</td><td>陈X</td><td>男</td><td>编辑3部</td><td>美术编辑</td><td>2016/6/1</td><td>4</td><td></td><td>7500</td></tr>
<tr><td>BF174</td><td>何X</td><td>男</td><td>编辑3部</td><td>美术编辑</td><td>2016/6/1</td><td>4</td><td></td><td>6500</td></tr>
<tr><td>BF221</td><td>钱X爱</td><td>女</td><td>编辑3部</td><td>责任编辑</td><td>2019/2/1</td><td>1</td><td></td><td>7000</td></tr>
<tr><td>BF234</td><td>孙X菲</td><td>女</td><td>编辑3部</td><td>排版</td><td>2017/3/1</td><td>3</td><td></td><td>5500</td></tr>
<tr><td>BF245</td><td>周X</td><td>男</td><td>编辑3部</td><td>排版</td><td>2016/5/1</td><td>4</td><td></td><td>6000</td></tr>
<tr><td>BF276</td><td>吴X丽</td><td>女</td><td>编辑3部</td><td>排版</td><td>2012/7/1</td><td>8</td><td></td><td>7000</td></tr>
</table>

图 448 使用 IF 函数

最终，这张基础工资表就完成了。如果需要计算最后的总工资，只要用求和函数选择工龄工资单元格与基本工资单元格就可以了。

基础工资表

工号	姓名	性别	部门	职务	入职时间	工龄	工龄工资	基本工资
BF001	李X	女	编辑1部	主任	2011/3/5	9	600	8500
BF027	刘X伟	男	编辑1部	策划编辑	2016/6/1	4	100	7000
BF029	陈X利	男	发行部	发行经理	2015/2/8	5	200	9000
BF040	赵X远	男	发行部	发行助理	2018/10/8	2	0	5500
BF045	邓X茹	女	行政部	行政主管	2019/5/7	1	0	8000
BF046	刘X寒	男	行政部	网管	2018/5/7	2	0	5200
BF049	高X丽	男	行政部	后勤主管	2017/9/3	3	0	6000
BF050	王X	男	人事部	人事经理	2013/3/7	7	400	8500
BF057	刘X	男	人事部	培训专员	2016/7/7	4	100	5000
BF073	李X晨	女	人事部	招聘专员	2018/4/3	2	0	5000
BF077	李X丽	女	人事部	人事专员	2019/2/1	1	0	5000
BF085	程X	女	财务部	会计	2017/6/7	3	0	9500
BF094	何X赛	女	财务部	出纳	2014/4/20	6	300	5200
BF095	陈X波	女	编辑2部	责任编辑	2016/6/17	4	100	6700
BF096	刘X诗	女	编辑2部	责任编辑	2017/11/1	3	0	7500
BF097	赵X伟	男	编辑2部	封面设计	2012/1/1	8	500	8600
BF098	马X东	男	编辑2部	策划编辑	2014/12/1	6	300	7500
BF101	刘X	女	市场部	宣传策划	2020/1/3	0	0	8500
BF115	赫X娜	女	市场部	活动策划	2018/3/1	2	0	9000
BF123	陈X	男	编辑3部	美术编辑	2016/6/1	4	100	7500
BF174	何X	男	编辑3部	美术编辑	2016/6/1	4	100	6500
BF221	钱X爱	女	编辑3部	责任编辑	2019/2/1	1	0	7000
BF234	孙X菲	女	编辑3部	排版	2017/3/1	3	0	5500
BF245	周X	男	编辑3部	排版	2016/5/1	4	100	6000
BF276	吴X丽	女	编辑3部	排版	2012/7/1	8	500	7000

图 449 最终结果展示

2.考勤工资表

大部分企业为了调动员工的积极性，都会设立全勤奖，在全勤的情况下有额外的奖金。即便是没有全勤奖的企业，员工请假或者迟到、早退都会在薪资基础上罚款。因此，除了基本工资表外，每个月还需要制作考勤工资表，计算员工的全勤奖以及罚款。

首先，绘制考勤工资表的基本框架，填入基本信息，加上备注，讲明每种情况对应的不同罚款。

考勤工资表

工号	姓名	部门	请假			迟到早退				总扣款	全勤奖
			病假	事假	扣款	半小时内	一小时内	一小时以上/旷工	扣款		

> 注：
> 1. 满勤奖300元；
> 1. 病假扣款100元，事假扣款150元；
> 2. 迟到半小时以内扣50元；半小时以上，一小时以内扣款100元，一小时以上算旷工，扣款200元

图 450　考勤工资表模板

创建表格模板是第一步，接下来要对数据进行提前预设，以提高工作效率。比如，请假一栏的扣款，显然是需要计算的：选定扣款一列所有需要填写数据的单元格，输入"=D5*100+E5*150"，然后按【Ctrl】加回车键填充整个数列。

| SUM | ▾ | × | ✓ | *fx* | =D5*100+E5*150 |

	A	B	C	D	E	F
1						
2	4	月				
3	工号	姓名	部门	请假		
4				病假	事假	扣款
5	BF001	编辑1部	李 X			=E5*150
6	BF027	编辑1部	刘 X 伟			
7	BF029	发行部	陈 X 利			
8	BF040	发行部	赵 X 远			
9	BF045	行政部	邓 X 茹			
10	BF046	行政部	刘 X 寒			

图 451　计算请假扣款结果

同样，按照相同的方式对迟到、早退下的扣款进行设置，选定对应的单元格，输入"=G5*50+H5*100+I5*200"，点击【Ctrl】加回车组合键。可以看到，之前请假表头下的扣款全部为"0"，只要在事假或病假所属单元格中填入数据，扣款就可以自动计算。

fx =G5*50+H5*100+I5*200

	D	E	F		G		H		I		J	

考勤工资表

	请假			迟到早退			
病假	事假	扣款	半小时内	一小时内	一小时以上/旷工	扣款
		0			✚	)+I5*200
		0				
		0				
		0				
		0				
		0				
		0				
		0				
		0				
		0				
		0				

图 452 计算迟到早退扣款结果

选择总扣款下所有需要输入数据的单元格，输入"=F5+J5"，按【Ctrl】加回车组合键。

fx =F5+J5

	D	E	F		G		H		I		J	K

考勤工资表

	请假			迟到早退			总扣款
病假	事假	扣款	半小时内	一小时内	一小时以上/旷工	扣款	
		0				0	=F5+J5
		0				0	
		0				0	
		0				0	

图 453 计算总扣款结果

最后，选择全勤奖下的所有空白单元格，输入"=IF(K5=0,300,"")"，按【Ctrl】加回车组合键，所有扣款以及全勤奖金的数据就关联到了一起。

fx =IF(K5=0,300,"")

	D	E	F		G		H		I		J	K	L

考勤工资表

	请假			迟到早退			总扣款	全勤奖
病假	事假	扣款	半小时内	一小时内	一小时以上/旷工	扣款		
		0				0	0	300,"")
		0				0	0	

图 454 使用 IF 函数

接下来，只需导入考勤数据就可以了。我们已经统计了出勤情况，打开考勤表格，右键点击缺勤记录表标签，在调出的选择菜单中选择移动或复制选项。

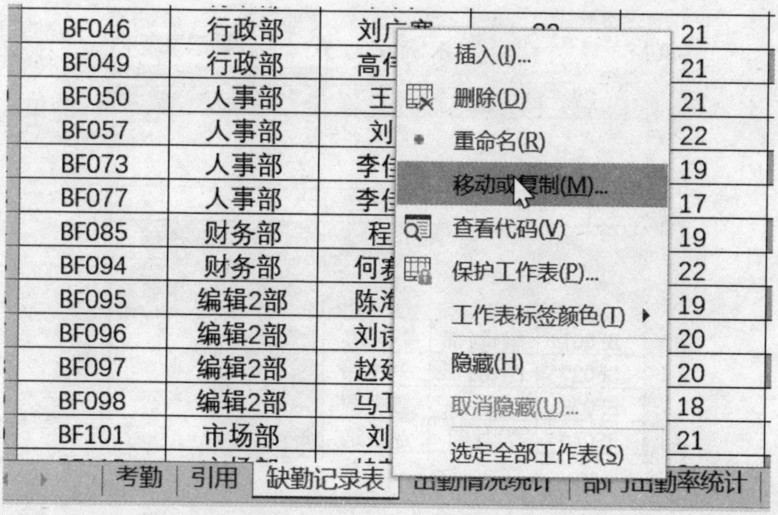

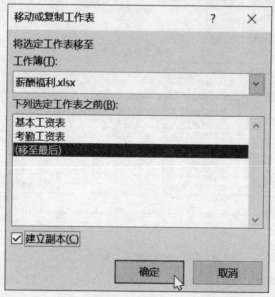

图 455 移动数据源表格

在弹出的移动或复制工作表对话框中，选择考勤工资表所在的工作簿，然后选择"（移至最后）"，不要忘记勾选"建立副本"，最后点击确定。

图 456 设定表格移动位置

当缺勤记录表移动之后，选择病假单元列，输入"= 缺勤记录表 !F3"。F3

245

是缺勤记录表中病假第一个数据所在的单元格位置，选择好后，按【Ctrl】加回车组合键，就可以导入病假信息。

| SUM | ▾ : | ✕ | ✓ | f_x | =缺勤记录表!F3 |

	A	B	C	D	E
1					
2	4	月			
3	工号	姓名	部门	请假	
4				病假	事假
5	BF001	编辑1部	李X	录表!F3	
6	BF027	编辑1部	刘X伟		
7	BF029	发行部	陈X利		
8	BF040	发行部	赵X远		

图 457　引用数据

可按照同样的方法导入事假信息。至于迟到信息，因为有时间节点限制，只能通过查询打卡数据后手动录入了。每当修改数据，所有的金额数据都会自动运算，最后将所有金额数据列设置成会计专用格式，和其他数据加以区分，最终得到下面这张考勤工资表。

考勤工资表											
4　月											
工号	姓名	部门	请假			迟到早退				总扣款	全勤奖
			病假	事假	扣款	半小时内	一小时内	一小时以上/旷工	扣款		
BF094	财务部	何X赛	0	0	¥ －	0	0	0	¥ －	¥ －	¥300.00
BF095	编辑2部	陈X波	1	0	¥100.00	0	0	0	¥ －	¥100.00	
BF096	编辑2部	刘X诗	0	1	¥150.00	0	0	0	¥ －	¥150.00	
BF097	编辑2部	赵X伟	2	0	¥200.00	0	0	0	¥ －	¥200.00	
BF098	编辑2部	马X东	0	0	¥ －	0	0	0	¥ －	¥ －	¥300.00
BF101	市场部	刘X	0	0	¥ －	0	0	0	¥ －	¥ －	¥300.00
BF115	市场部	赫X娜	1	0	¥100.00	0'	0	0	¥ －	¥100.00	
BF123	编辑3部	陈X	0	0	¥ －	0	0	0	¥ －	¥ －	¥300.00
BF174	编辑3部	何X	0	0	¥ －	0	0	0	¥ －	¥ －	¥300.00
BF221	编辑3部	钱X爱	0	0	¥ －	0	0	0	¥ －	¥ －	
BF234	编辑3部	孙X菲	0	0	¥ －	1	0	0	¥ 50.00	¥ 50.00	
BF245	编辑3部	周X	0	0	¥ －	0	0	0	¥ －	¥ －	¥300.00
BF276	编辑3部	吴X丽	0	0	¥ －	0	0	0	¥ －	¥ －	¥300.00

注：
1. 满勤奖300元；
1. 病假扣款100元，事假扣款150元；
2. 迟到半小时以内扣50元，半小时以上，一小时以内扣款100元，一小时以上算旷工，扣款200元

图 458　最终结果展示

3. 加班工资表

每份工作都有固定的工时，但有时员工会不可避免地加班，企业要对加班的员工提供额外的报酬，也就是加班费。国家规定，法定节假日加班要发放三倍工资，工作日时间按照小时加班的话，金额各有不同。

加班费也是薪酬的一部分，也要单独核算加班费。

仍旧要建立一张加班工资表的模板，将当月人员信息录入进去，将加班费的具体数额写入备注。如下图所示，建立一个空白表格框架。

	A	B	C	D	E	F	G	H
1				加班工资表				
2	4	月						
3	工号	姓名	部门	工作日		节假日		加班费合计
4				工时	加班费	天数	加班费	
17	BF094	财务部	何X赛					
18	BF095	编辑2部	陈X波					
19	BF096	编辑2部	刘X诗					
20	BF097	编辑2部	赵X伟					
21	BF098	编辑2部	马X东					
22	BF101	市场部	刘X					
23	BF115	市场部	赫X娜					
24	BF123	编辑3部	陈X					
25	BF174	编辑3部	何X					
26	BF221	编辑3部	钱X爱					
27	BF234	编辑3部	孙X菲					
28	BF245	编辑3部	周X					
29	BF276	编辑3部	吴X丽					
30	注：							
31	1. 工作日加班加班费为50元/小时							
32	2. 节假日加班加班费按天结算，为基本工资/工作日*2							

图 459　加班工资表模板

按照表格中所说，工作日的加班费是 50 元 / 小时，因此选定加班费一列单元格，输入"=D5*50"，按【Ctrl】加回车组合键，填充整个列。

247

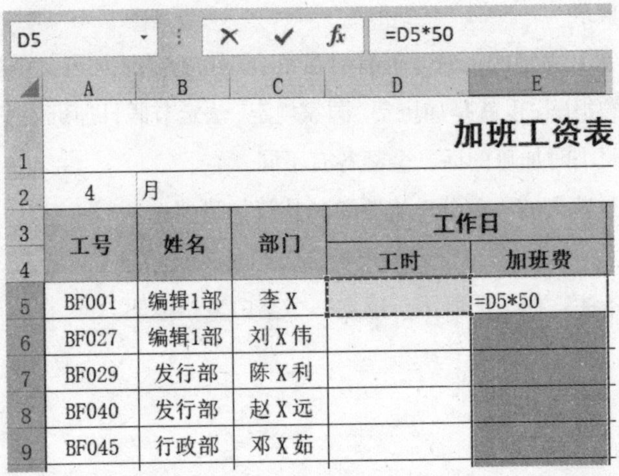

图 460　计算加班费

　　之后，通过出勤情况表中的加班天数引入这个表格，在节假日天数下的空白
单元格一列，输入"= 缺勤记录表 !L3"。L3 是缺勤记录表中第一个加班时间数
据单元格位置，填好后按【Ctrl】加回车键录入整列数据。

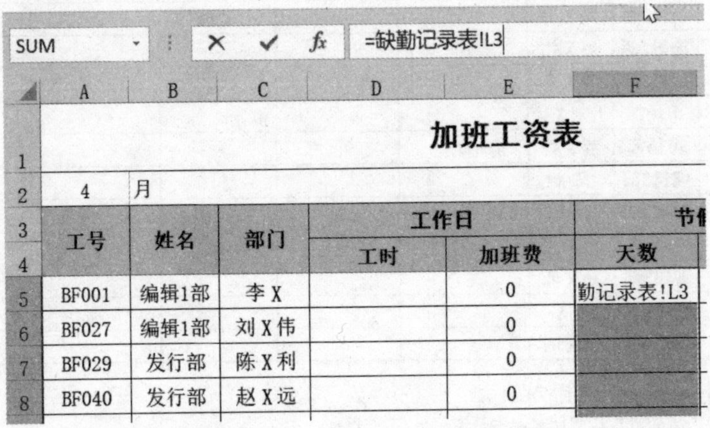

图 461　引用数据

　　在加班费一列，输入"= 基本工资表 !I3/22*2*F5"，其中 I3 是基本工资表中
基本工资下第一个数据的单元格位置，22 是每个月应该出勤的天数，输入完成后，
按【Ctrl】加回车键，填充整列。

F5			×	✓	fx	=基本工资表!I3/22*2*F5	

	A	B	C	D	E	F	G
1	加班工资表						
2	4	月					
3	工号	姓名	部门	工作日		节假日	
4				工时	加班费	天数	加班费
5	BF001	编辑1部	李X		0	1	I3/22*2*F5
6	BF027	编辑1部	刘X伟		0	0	
7	BF029	发行部	陈X利		0	1	
8	BF040	发行部	赵X远		0	0	

图 462　引用数据计算加班费

可以看到，加班费直接核算完成。加班天数为 0，加班费一栏则没有数据，最后合计加班费，选择单列，输入"=E5+G5"，按【Ctrl】加回车组合键，完成最后的运算关联。

G5			×	✓	fx	=E5+G5		

	A	B	C	D	E	F	G	H
1	加班工资表							
2	4	月						
3	工号	姓名	部门	工作日		节假日		加班费合计
4				工时	加班费	天数	加班费	
5	BF001	编辑1部	李X		0	1	¥　772.73	=E5+G5
6	BF027	编辑1部	刘X伟		0	0	¥　－	
7	BF029	发行部	陈X利		0	1	¥　818.18	

图 463　计算加班费合计

工作日的加班时间和迟到早退一样，需要通过打卡机的数据来获得，进而手动输入。不过，最终只需手动填入工时，就能得到最终的结果。

	A	B	C	D	E	F	G	H
1	加班工资表							
2	4	月						
3	工号	姓名	部门	工作日		节假日		加班费合计
4				工时	加班费	天数	加班费	
17	BF094	财务部	何X赛	2	¥ 100.00	0	¥ -	¥ 100.00
18	BF095	编辑2部	陈X波	0	¥ -	0	¥ -	¥ -
19	BF096	编辑2部	刘X诗	3	¥ 150.00	1	¥ 681.82	¥ 831.82
20	BF097	编辑2部	赵X伟	4	¥ 200.00	1	¥ 781.82	¥ 981.82
21	BF098	编辑2部	马X东	6	¥ 300.00	1	¥ 681.82	¥ 981.82
22	BF101	市场部	刘X	5	¥ 250.00	0	¥ -	¥ 250.00
23	BF115	市场部	赫X娜	4	¥ 200.00	1	¥ 818.18	¥ 1,018.18
24	BF123	编辑3部	陈X	8	¥ 400.00	0	¥ -	¥ 400.00
25	BF174	编辑3部	何X	5	¥ 250.00	0	¥ -	¥ 250.00
26	BF221	编辑3部	钱X爱	5	¥ 250.00	0	¥ -	¥ 250.00
27	BF234	编辑3部	孙X菲	0	¥ -	1	¥ 500.00	¥ 500.00
28	BF245	编辑3部	周X	4	¥ 200.00	0	¥ -	¥ 200.00
29	BF276	编辑3部	吴X丽	2	¥ 100.00	0	¥ -	¥ 100.00
30	注:							
31	1.工作日加班加班费为50元/小时							
32	2.节假日加班加班费按天结算，为基本工资/工作日*2							

图 464　最终结果展示

奖金津贴

1. 绩效提成计算

在工资结构中，除了基础工资外，往往还有绩效工资以及提成。绩效工资可以理解为一项任务完成后发放的固定数额的奖金，表现优异的，会按照超出预期的表现发放提成。这两项合起来可以叫绩效工资，或者提成奖金。

这两项的考核标准通常都是业绩。举例来说，绩效定了 50000 元，一个员工表现很好，实际完成 80000 元，那么会发放绩效工资，超额的 30000 元按照一定的比例提成，这可以调动员工的工作积极性。

首先，建立下图中这样的绩效工资表，把一些固定的或是已知的数据填好，奖金提成的具体标准也要在表格的最下方体现出来。

绩效工资表

4 月

工号	部门	姓名	任务		提成			奖金合计
			任务	绩效奖	超额	比例	提成	
BF097	编辑2部	赵 X 伟	¥ 10,000.00		¥ －			
BF098	编辑2部	马 X 东	¥ 50,000.00		¥ 39,000.00	1%		
BF101	市场部	刘 X	¥ 27,000.00		¥			
BF115	市场部	赫 X 娜	¥ 50,000.00		¥ 62,000.00	2%		
BF123	编辑3部	陈 X	¥ 50,000.00		¥ 3,000.00	1%		
BF174	编辑3部	何 X	¥ 50,000.00		¥ 9,500.00	1%		
BF221	编辑3部	钱 X 爱	¥ 49,000.00		¥ －			
BF234	编辑3部	孙 X 菲	¥ 50,000.00		¥ 13,000.00	1%		
BF245	编辑3部	周 X	¥ 50,000.00		¥ 31,500.00	1%		
BF276	编辑3部	吴 X 丽	¥ 50,000.00		¥ 67,000.00	2%		

注：
1. 超额部分小于5万，按1%提成；
2. 超额部分大于5万，小于10万，按2%提成；
3. 超额部分大于10万，按3%提成。

图 465 绩效工资表模板

之后，选定绩效奖表头下需要填充数据的整列单元格，输入"=IF(D5=50000,800,0)"。其中，50000 是设定的任务，因此只要 D5=50000，就发放 800 的绩效奖金，其余的则没完成，绩效奖金为 0。之后，按【Ctrl】加回车组合键完成填充。还可在数字显示中设定成会计专用格式。

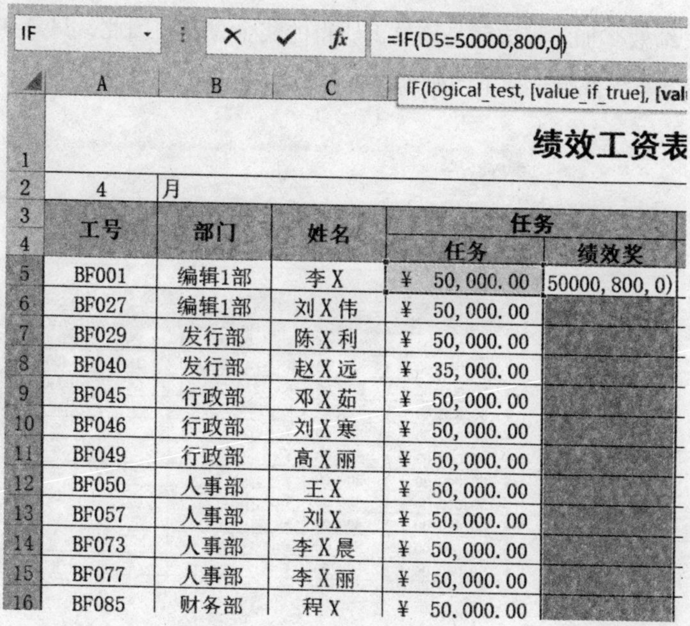

图 466 计算绩效奖金

至于提成的算法，先将任务之外超额的数额对标到提成条件，然后按条件填充比例表头下的单元格。

完成这步操作后，选择提成表头下整列空白单元格，输入"=ROUND(F5*G5,0)"，按【Ctrl】加回车组合键填充数据信息。

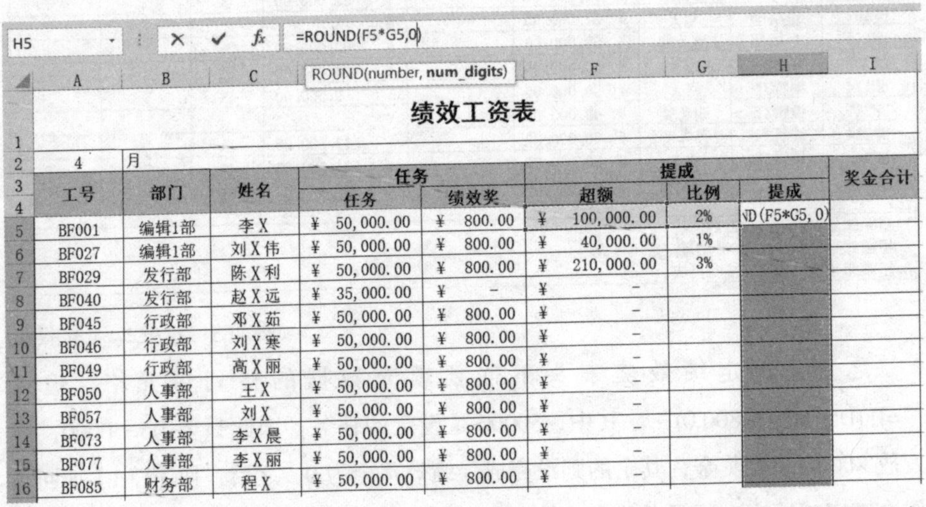

图 467　计算提成奖金

最后，绩效奖加上提成就是该员工所得的奖金总和。因此，只要在奖金合计下用求和函数算出数据，如下图所示。

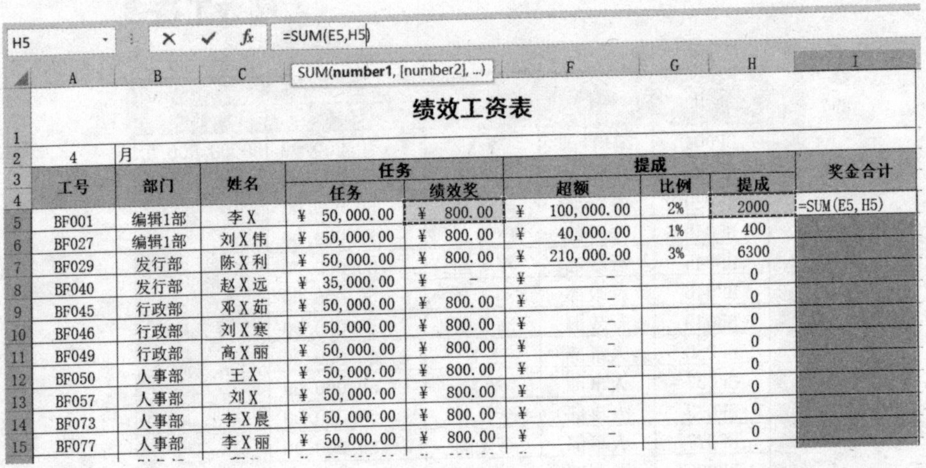

图 468　计算奖金合计

这样，通过简单几步，就完成了绩效工资的核算。

绩效工资表									
4 月									
工号	部门	姓名	任务		提成			奖金合计	
			任务	绩效奖	超额	比例	提成		
BF001	编辑1部	李 X	¥ 50,000.00	¥ 800.00	¥ 100,000.00	2%	2000	¥ 2,800.00	
BF027	编辑1部	刘 X 伟	¥ 50,000.00	¥ 800.00	40,000.00	1%	400	¥ 1,200.00	
BF029	发行部	陈 X 利	¥ 50,000.00	¥ 800.00	¥ 210,000.00	3%	6300	¥ 7,100.00	
BF040	发行部	赵 X 远	¥ 35,000.00	¥ −	¥ −		0	¥ −	
BF045	行政部	邓 X 茹	¥ 50,000.00	¥ 800.00	¥ −		0	¥ 800.00	
BF046	行政部	刘 X 寒	¥ 50,000.00	¥ 800.00	¥ −		0	¥ 800.00	
BF049	行政部	高 X 丽	¥ 50,000.00	¥ 800.00	¥ −		0	¥ 800.00	
BF050	人事部	王 X	¥ 50,000.00	¥ 800.00	¥ −		0	¥ 800.00	
BF057	人事部	刘 X	¥ 50,000.00	¥ 800.00	¥ −		0	¥ 800.00	
BF073	人事部	李 X 晨	¥ 50,000.00	¥ 800.00	¥ −		0	¥ 800.00	
BF077	人事部	李 X 丽	¥ 50,000.00	¥ 800.00	¥ −		0	¥ 800.00	
BF085	财务部	程 X	¥ 50,000.00	¥ 800.00	¥ −		0	¥ 800.00	
BF094	财务部	何 X 赛	¥ 50,000.00	¥ 800.00	¥ −		0	¥ 800.00	
BF095	编辑2部	陈 X 波	¥ 15,000.00	¥ −	¥ −		0	¥ −	
BF096	编辑2部	刘 X 诗	¥ 47,000.00	¥ −	¥ −		0	¥ −	
BF097	编辑2部	赵 X 伟	¥ 10,000.00	¥ −	¥ −		0	¥ −	
BF098	编辑2部	马 X 东	¥ 50,000.00	¥ 800.00	¥ 39,000.00	1%	390	¥ 1,190.00	
BF101	市场部	刘 X	¥ 27,000.00	¥ −	¥ −		0	¥ −	
BF115	市场部	赫 X 娜	¥ 50,000.00	¥ 800.00	¥ 62,000.00	2%	1240	¥ 2,040.00	
BF123	编辑3部	陈 X	¥ 50,000.00	¥ 800.00	¥ 3,000.00	1%	30	830.00	

图 469 最终绩效工资表效果展示

2.年终奖金计算

大部分企业会为避免人才流失设置基本薪资之外的年终奖，也就是在年终的时候拿到额外的奖励。年终奖提成不再多说，还有一类年终奖是通过员工工龄来计算的，可以提升员工对企业的忠诚度，不会轻易离职。

按工龄设计年终奖没有太多繁杂的数据，按照基础工资表的格式设置就可以，但要把员工入职时间等基础信息录入进去。

年终奖详情表

工号	姓名	性别	部门	职务	入职时间	年终奖
BF001	李 X	女	编辑1部	主任	2011/3/5	
BF027	刘 X 伟	男	编辑1部	策划编辑	2016/6/1	
BF029	陈 X 利	男	发行部	发行经理	2015/2/8	
BF040	赵 X 远	男	发行部	发行助理	2018/10/8	
BF045	邓 X 茹	女	行政部	行政主管	2019/5/7	
BF046	刘 X 寒	男	行政部	网管	2018/5/7	
BF049	高 X 丽	男	行政部	后勤主管	2017/9/3	
BF050	王 X	男	人事部	人事经理	2013/3/7	
BF057	刘 X	男	人事部	培训专员	2016/7/7	
BF073	李 X 晨	女	人事部	招聘专员	2018/4/3	
BF077	李 X 丽	女	人事部	人事专员	2019/2/1	
BF085	程 X	女	财务部	会计	2017/6/7	
BF094	何 X 赛	女	财务部	出纳	2014/4/20	
BF095	陈 X 波	女	编辑2部	责任编辑	2016/6/17	
BF096	刘 X 诗	女	编辑2部	责任编辑	2017/11/1	
BF097	赵 X 伟	男	编辑2部	封面设计	2012/1/1	
BF098	马 X 东	男	编辑2部	策划编辑	2014/12/1	
BF101	刘 X	女	市场部	宣传策划	2020/1/3	
BF115	赫 X 娜	女	市场部	活动策划	2018/3/1	

图 470 年终奖详情表

之后，在表格之外任意位置写下当年最后一天的时间，意思是以这个时限为准计算工龄，核算年终奖。

	A	B	C	D	E	F	G	H
1				年终奖详情表				
2	工号	姓名	性别	部门	职务	入职时间	年终奖	2020/12/31
3	BF001	李 X	女	编辑1部	主任	2011/3/5		
4	BF027	刘 X 伟	男	编辑1部	策划编辑	2016/6/1		
5	BF029	陈 X 利	男	发行部	发行经理	2015/2/8		
6	BF040	赵 X 远	男	发行部	发行助理	2018/10/8		
7	BF045	邓 X 茹	女	行政部	行政主管	2019/5/7		
8	BF046	刘 X 寒	男	行政部	网管	2018/5/7		
9	BF049	高 X 丽	男	行政部	后勤主管	2017/9/3		

图 471 填写时间数据

根据工龄的年终奖一般会设置几个年限。比如，入职时间3年以下的员工是一个基准，3年以上5年以下的更高一些，10年以上的再高一些。选中年终奖表头下的整列空白单元格，输入 "=TEXT(YEARFRAC(F3,$H$2,3),"[>10]1!5!0!0!0;[>5]1!0!0!0!0;8!0!0!0")"，表示从入职时间单元格位置到核算年终奖时间的单元格位置范围内计算工龄，工龄超过10年的年终奖是15000元，

3 年以上 5 年以下的年终奖为 10000 元，3 年以下的年终奖为 8000 元。

| IF | | ⊗ ✓ fx | =TEXT(YEARFRAC(F3,$H$2,3),"[>10]1I5I0I0I0;[>5]1I0I0I0I0;8I0I0I0") | | | |

	A	B	C	D	E	F	G	H	I
1				年终奖详情表					
2	工号	姓名	性别	部门	职务	入职时间	年终奖	2020/12/31	
3	BF001	李 X	女	编辑1部	主任	2011/3/5	I0;8I0I0I0")		
4	BF027	刘 X 伟	男	编辑1部	策划编辑	2016/6/1			
5	BF029	陈 X 利	男	发行部	发行经理	2015/2/8			
6	BF040	赵 X 远	男	发行部	发行助理	2018/10/8			
7	BF045	邓 X 茹	女	行政部	行政主管	2019/5/7			
8	BF046	刘 X 寒	男	行政部	网管	2018/5/7			
9	BF049	高 X 丽	男	行政部	后勤主管	2017/9/3			
10	BF050	王 X	男	人事部	人事经理	2013/3/7			
11	BF057	刘 X	男	人事部	培训专员	2016/7/7			
12	BF073	李 X 晨	女	人事部	招聘专员	2018/4/3			
13	BF077	李 X 丽	女	人事部	人事专员	2019/2/1			

图 472 计算年终奖

函数输入检查无误后，按【Ctrl】加回车组合键，完成数据填充。

年终奖详情表

工号	姓名	性别	部门	职务	入职时间	年终奖
BF001	李 X	女	编辑1部	主任	2011/3/5	10000
BF027	刘 X 伟	男	编辑1部	策划编辑	2016/6/1	8000
BF029	陈 X 利	男	发行部	发行经理	2015/2/8	10000
BF040	赵 X 远	男	发行部	发行助理	2018/10/8	8000
BF045	邓 X 茹	女	行政部	行政主管	2019/5/7	8000
BF046	刘 X 寒	男	行政部	网管	2018/5/7	8000
BF049	高 X 丽	男	行政部	后勤主管	2017/9/3	8000
BF050	王 X	男	人事部	人事经理	2013/3/7	10000
BF057	刘 X	男	人事部	培训专员	2016/7/7	8000
BF073	李 X 晨	女	人事部	招聘专员	2018/4/3	8000
BF077	李 X 丽	女	人事部	人事专员	2019/2/1	8000
BF085	程 X	女	财务部	会计	2017/6/7	8000
BF094	何 X 赛	女	财务部	出纳	2014/4/20	10000
BF095	陈 X 波	女	编辑2部	责任编辑	2016/6/17	8000
BF096	刘 X 诗	女	编辑2部	责任编辑	2017/11/1	8000
BF097	赵 X 伟	男	编辑2部	封面设计	2012/1/1	10000
BF098	马 X 东	男	编辑2部	策划编辑	2014/12/1	10000
BF101	刘 X	女	市场部	宣传策划	2020/1/3	8000

图 473 最终结果展示

3.补助津贴表

员工在工作中，经常要面临通勤、外食以及业务电话等情况。有些企业会给员工发放各类补助津贴，但它们基本都是分开算的，最终工资单中体现的是各类补助津贴的总数。因此，可以制作一张补助津贴表。

补助类和其他类别的福利不同，基本数额是一样的，对所有员工一视同仁，所以在填充数据的时候，可以省很多事，最后只要求和就可以了。

D4			✕ ✓ f_x	=SUM(D4:F4)			

	A	B	C	D	SUM(**number1**, [number2], ...)		G
1				补助津贴表			
2	工号	姓名	部门	津贴内容			合计
3				饭补	交通补助	通信补助	
4	BF001	李 X	编辑1部	500	100	50	=SUM(D4:F4)
5	BF027	刘 X 伟	编辑1部	500	100	50	
6	BF029	陈 X 利	发行部	500	100	50	
7	BF040	赵 X 远	发行部	500	100	50	
8	BF045	邓 X 茹	行政部	500	100	50	
9	BF046	刘 X 寒	行政部	500	100	50	
10	BF049	高 X 丽	行政部	500	100	50	
11	BF050	王 X	人事部	500	100	50	

图 474 计算补助津贴

完成操作后，通过更改数字显示为会计专用来调整格式，就会得到最终的补助津贴表。

补助津贴表

工号	姓名	部门	津贴内容			合计
			饭补	交通补助	通信补助	
BF001	李 X	编辑1部	¥500.00	¥ 100.00	¥ 50.00	¥ 650.00
BF027	刘 X 伟	编辑1部	¥500.00	¥ 100.00	¥ 50.00	¥ 650.00
BF029	陈 X 利	发行部	¥500.00	¥ 100.00	¥ 50.00	¥ 650.00
BF040	赵 X 远	发行部	¥500.00	¥ 100.00	¥ 50.00	¥ 650.00
BF045	邓 X 茹	行政部	¥500.00	¥ 100.00	¥ 50.00	¥ 650.00
BF046	刘 X 寒	行政部	¥500.00	¥ 100.00	¥ 50.00	¥ 650.00
BF049	高 X 丽	行政部	¥500.00	¥ 100.00	¥ 50.00	¥ 650.00
BF050	王 X	人事部	¥500.00	¥ 100.00	¥ 50.00	¥ 650.00
BF057	刘 X	人事部	¥500.00	¥ 100.00	¥ 50.00	¥ 650.00
BF073	李 X 晨	人事部	¥500.00	¥ 100.00	¥ 50.00	¥ 650.00
BF077	李 X 丽	人事部	¥500.00	¥ 100.00	¥ 50.00	¥ 650.00
BF085	程 X	财务部	¥500.00	¥ 100.00	¥ 50.00	¥ 650.00
BF094	何 X 赛	财务部	¥500.00	¥ 100.00	¥ 50.00	¥ 650.00
BF095	陈 X 波	编辑2部	¥500.00	¥ 100.00	¥ 50.00	¥ 650.00
BF096	刘 X 诗	编辑2部	¥500.00	¥ 100.00	¥ 50.00	¥ 650.00
BF097	赵 X 伟	编辑2部	¥500.00	¥ 100.00	¥ 50.00	¥ 650.00
BF098	马 X 东	编辑2部	¥500.00	¥ 100.00	¥ 50.00	¥ 650.00
BF101	刘 X	市场部	¥500.00	¥ 100.00	¥ 50.00	¥ 650.00
BF115	赫 X 娜	市场部	¥500.00	¥ 100.00	¥ 50.00	¥ 650.00
BF123	陈 X	编辑3部	¥500.00	¥ 100.00	¥ 50.00	¥ 650.00
BF174	何 X	编辑3部	¥500.00	¥ 100.00	¥ 50.00	¥ 650.00

图 475 补助津贴表

带薪休假

每个企业除了法定节假日外，还会将带薪年假作为一种福利发放给员工。同样，根据员工为企业效力时间的长短，带薪年假的天数也不相同。

因此，创建表格的时候，要填写入职时间。

带薪年假统计表

工号	姓名	性别	部门	职务	入职时间	年假（天）
BF001	李 X	女	编辑1部	主任	2011/3/5	
BF027	刘 X 伟	男	编辑1部	策划编辑	2016/6/1	
BF029	陈 X 利	男	发行部	发行经理	2015/2/8	
BF040	赵 X 远	男	发行部	发行助理	2018/10/8	
BF045	邓 X 茹	女	行政部	行政主管	2019/5/7	
BF046	刘 X 寒	男	行政部	网管	2018/5/7	
BF049	高 X 丽	男	行政部	后勤主管	2017/9/3	
BF050	王 X	男	人事部	人事经理	2013/3/7	
BF057	刘 X	男	人事部	培训专员	2016/7/7	
BF073	李 X 晨	女	人事部	招聘专员	2018/4/3	
BF077	李 X 丽	女	人事部	人事专员	2019/2/1	
BF085	程 X	女	财务部	会计	2017/6/7	
BF094	何 X 赛	女	财务部	出纳	2014/4/20	

图 476 带薪年假统计表

至于带薪年假天数的计算，选定要填充内容的单元格，在英文输入法状态下输入"=MIN(IF(DATEDIF(F3,TODAY( ),"Y")<1,3,IF(DATEDIF(F3,TODAY( ),"Y")<3,6,DATEDIF(F3,TODAY( ),"Y")*2+6)),18)"。其中，F3 是员工入职时间的单元格位置，"Y"代表年限，TODAY( ) 则代表到制表这天为时间节点，数据代表的意思是不足 1 年的员工带薪休假天数是 3 天，1 年以上 3 年以下的员工带薪休假 6 天，超过 3 年的员工在 3 年之后每多出 1 年就增加 2 天的年假，年假的上限为 18 天。

| IF | ▾ | ∶ | × | ✓ | *fx* | =MIN(IF(DATEDIF(F3,TODAY(),"Y")<1,3,IF(DATEDIF(F3,TODAY(),"Y")<3,6,DATEDIF(F3,TODAY(),"Y")*2+6)),18) |

MIN(number1, [number2], [number3], ...)

带薪年假统计表

工号	姓名	性别	部门	职务	入职时间	年假（天）
BF001	李 X	女	编辑1部	主任	2011/3/5	Y")*2+6)),20
BF027	刘 X 伟	男	编辑1部	策划编辑	2016/6/1	
BF029	陈 X 利	男	发行部	发行经理	2015/2/8	
BF040	赵 X 远	男	发行部	发行助理	2018/10/8	
BF045	邓 X 茹	女	行政部	行政主管	2019/5/7	
BF046	刘 X 寒	男	行政部	网管	2018/5/7	
BF049	高 X 丽	男	行政部	后勤主管	2017/9/3	
BF050	王 X	男	人事部	人事经理	2013/3/7	
BF057	刘 X	男	人事部	培训专员	2016/7/7	
BF073	李 X 晨	女	人事部	招聘专员	2018/4/3	
BF077	李 X 丽	女	人事部	人事专员	2019/2/1	
BF085	程 X	女	财务部	会计	2017/6/7	
BF094	何 X 赛	女	财务部	出纳	2014/4/20	
BF095	陈 X 波	女	编辑2部	责任编辑	2016/6/17	
BF096	刘 X 诗	女	编辑2部	责任编辑	2017/11/1	
BF097	赵 X 伟	男	编辑2部	封面设计	2012/1/1	

图 477　使用 MIN 嵌套函数计算年假天数

最后点击回车键，通过下拉填充公式的方式，算出其他员工年假天数的数据。有了这张表格，当员工考勤请假或者休年假的时候，直接在这张表上进行减法运算就可以了。

带薪年假统计表

工号	姓名	性别	部门	职务	入职时间	年假（天）
BF001	李 X	女	编辑1部	主任	2011/3/5	18
BF027	刘 X 伟	男	编辑1部	策划编辑	2016/6/1	12
BF029	陈 X 利	男	发行部	发行经理	2015/2/8	16
BF040	赵 X 远	男	发行部	发行助理	2018/10/8	6
BF045	邓 X 茹	女	行政部	行政主管	2019/5/7	6
BF046	刘 X 寒	男	行政部	网管	2018/5/7	6
BF049	高 X 丽	男	行政部	后勤主管	2017/9/3	6
BF050	王 X	男	人事部	人事经理	2013/3/7	18
BF057	刘 X	男	人事部	培训专员	2016/7/7	12
BF073	李 X 晨	女	人事部	招聘专员	2018/4/3	6
BF077	李 X 丽	女	人事部	人事专员	2019/2/1	6
BF085	程 X	女	财务部	会计	2017/6/7	6
BF094	何 X 赛	女	财务部	出纳	2014/4/20	18
BF095	陈 X 波	女	编辑2部	责任编辑	2016/6/17	12
BF096	刘 X 诗	女	编辑2部	责任编辑	2017/11/1	6
BF097	赵 X 伟	男	编辑2部	封面设计	2012/1/1	18
BF098	马 X 东	男	编辑2部	策划编辑	2014/12/1	16
BF101	刘 X	女	市场部	宣传策划	2020/1/3	3
BF115	赫 X 娜	女	市场部	活动策划	2018/3/1	6
BF123	陈 X	男	编辑3部	美术编辑	2016/6/1	12
BF174	何 X	男	编辑3部	美术编辑	2016/6/1	12
BF221	钱 X 爱	女	编辑3部	责任编辑	2019/2/1	6

图 448　最终结果展示

02. 工资数据生成

社保公积金

为员工缴纳社保公积金是国家的硬性规定。通常，企业承担大部分的社保和公积金，员工承担一小部分，而社保和公积金缴纳的数额根据每个人的工资会有差异。因此，在计算员工个人工资的时候，要把对应缴纳的社保公积金数额进行扣除。

社保公积金实际上是两部分，是社会保险和住房公积金的合称。社保包括养老保险、医疗保险、失业保险、工伤保险和生育保险，其中，工伤保险和生育保险完全由企业承担，个人不用付。

因此，制作社保公积金代扣表的时候，工伤保险和生育保险就不用写在里面了，需要先建立表格框架，填写员工个人信息。在表格末尾要加上备注，将不同保险缴纳的比例填写进去：养老保险缴纳比例为基本工资的8%；医疗保险缴纳2%+3；失业保险缴纳为0.2%，公积金的缴纳比例为基本工资的12%。

个人社保公积金代扣表

工号	部门	姓名	基本工资	社保			公积金	合计
				养老	医疗	失业		
BF098	编辑2部	马 X 东						
BF101	市场部	刘 X						
BF115	市场部	赫 X 娜						
BF123	编辑3部	陈 X						
BF174	编辑3部	何 X						
BF221	编辑3部	钱 X 爱						
BF234	编辑3部	孙 X 菲						
BF245	编辑3部	周 X						
BF276	编辑3部	吴 X 丽						

注:
1. 养老保险缴纳比例为基本工资的8%；医疗保险缴纳2%+3；失业保险缴纳0.2%；
2. 住房公积金的缴纳比例为基本工资的12%

图 449 个人社保公积金代扣表模板

下一步操作是选中养老表头下的整列单元格，输入"=D4*8%"，按【Ctrl】加回车键完成整列的公式填充。按照同样的方法，对照相应的比例输入公式。

在医疗保险单元格中输入"=D4*2%+3"，失业保险单元格中输入"=D4*0.2%"，公积金单元格中输入"=D4*12%"。

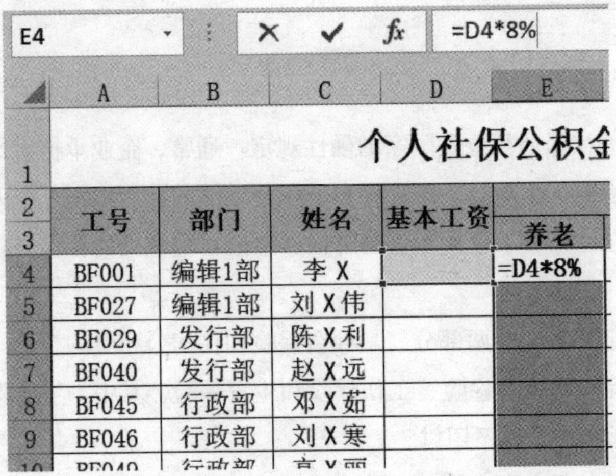

图 450　养老保险扣款计算

在合计单元格中输入"=SUM(E4:H4)"，再下拉填充整列单元格，一个标准的模板就形成了。

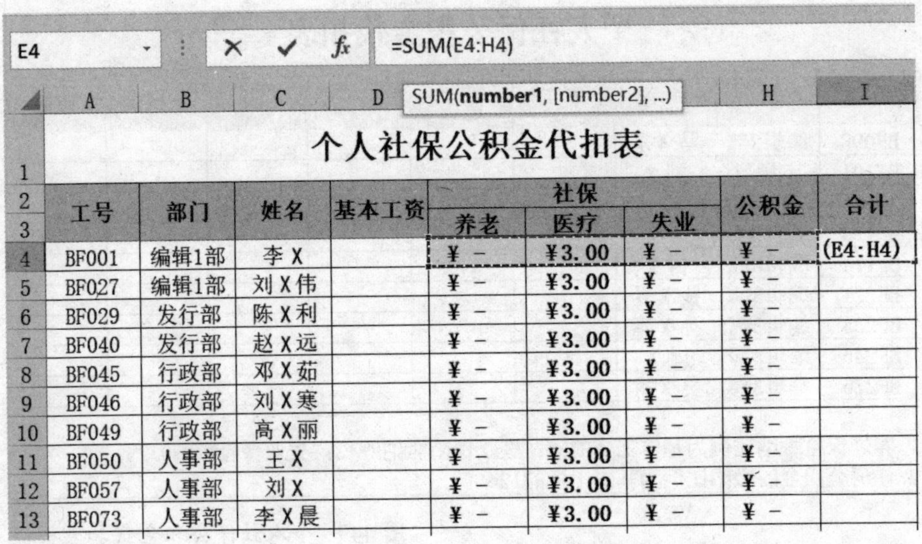

图 451　社保公积金代扣总数计算

最后，只需将员工的基本工资信息导入模板，所有数据可以自动生成。选择基本工资下的空白单元格，输入"= 基本工资表 !I3"，点击回车键。

| IF | ▼ | : | × | ✓ | *fx* | =基本工资表!I3 | | | |

	A	B	C	D	E	F	G	H	I
1	个人社保公积金代扣表								
2	工号	部门	姓名	基本工资	社保			公积金	合计
3					养老	医疗	失业		
4	BF001	编辑1部	李X	本工资表!I3	¥ −	¥ 3.00	¥ −	¥ −	¥ 3.00
5	BF027	编辑1部	刘X伟		¥ −	¥ 3.00	¥ −	¥ −	¥ 3.00
6	BF029	发行部	陈X利		¥ −	¥ 3.00	¥ −	¥ −	¥ 3.00
7	BF040	发行部	赵X远		¥ −	¥ 3.00	¥ −	¥ −	¥ 3.00
8	BF045	行政部	邓X茹		¥ −	¥ 3.00	¥ −	¥ −	¥ 3.00
9	BF046	行政部	刘X寒		¥ −	¥ 3.00	¥ −	¥ −	¥ 3.00
10	BF049	行政部	高X丽		¥ −	¥ 3.00	¥ −	¥ −	¥ 3.00
11	BF050	人事部	王X		¥ −	¥ 3.00	¥ −	¥ −	¥ 3.00

图 452 引用数据

通过下拉填充公式填充所有数据，个人社保公积金的代扣表就完成了。

个人社保公积金代扣表								
工号	部门	姓名	基本工资	社保			公积金	合计
				养老	医疗	失业		
BF049	行政部	高X丽	¥6,000.00	¥480.00	¥123.00	¥12.00	¥720.00	¥1,335.00
BF050	人事部	王X	¥8,500.00	¥680.00	¥173.00	¥17.00	¥1,020.00	¥1,890.00
BF057	人事部	刘X	¥5,000.00	¥400.00	¥103.00	¥10.00	¥600.00	¥1,113.00
BF073	人事部	李X晨	¥5,000.00	¥400.00	¥103.00	¥10.00	¥600.00	¥1,113.00
BF077	人事部	李X丽	¥5,000.00	¥400.00	¥103.00	¥10.00	¥600.00	¥1,113.00
BF085	财务部	程X	¥9,500.00	¥760.00	¥193.00	¥19.00	¥1,140.00	¥2,112.00
BF094	财务部	何X赛	¥5,200.00	¥416.00	¥107.00	¥10.40	¥624.00	¥1,157.40
BF095	编辑2部	陈X波	¥6,700.00	¥536.00	¥137.00	¥13.40	¥804.00	¥1,490.40
BF096	编辑2部	刘X诗	¥7,500.00	¥600.00	¥153.00	¥15.00	¥900.00	¥1,668.00
BF097	编辑2部	赵X伟	¥8,600.00	¥688.00	¥175.00	¥17.20	¥1,032.00	¥1,912.20
BF098	编辑2部	马X东	¥7,500.00	¥600.00	¥153.00	¥15.00	¥900.00	¥1,668.00
BF101	市场部	刘X	¥8,500.00	¥680.00	¥173.00	¥17.00	¥1,020.00	¥1,890.00
BF115	市场部	赫X娜	¥9,000.00	¥720.00	¥183.00	¥18.00	¥1,080.00	¥2,001.00
BF123	编辑3部	陈X	¥7,500.00	¥600.00	¥153.00	¥15.00	¥900.00	¥1,668.00
BF174	编辑3部	何X	¥6,500.00	¥520.00	¥133.00	¥13.00	¥780.00	¥1,446.00
BF221	编辑3部	钱X爱	¥7,000.00	¥560.00	¥143.00	¥14.00	¥840.00	¥1,557.00
BF234	编辑3部	孙X菲	¥5,500.00	¥440.00	¥113.00	¥11.00	¥660.00	¥1,224.00
BF245	编辑3部	周X	¥6,000.00	¥480.00	¥123.00	¥12.00	¥720.00	¥1,335.00
BF276	编辑3部	吴X丽	¥7,000.00	¥560.00	¥143.00	¥14.00	¥840.00	¥1,557.00

注：
1. 养老保险缴纳比例为基本工资的8%；医疗保险缴纳2%+3；失业保险缴纳0.2%；
2. 住房公积金的缴纳比例为基本工资的12%

图 453 最终结果展示

工资明细表

1. 工资明细表模板制作

每个月工资发放之时，都要对每个员工的所有薪资数据进行汇总，也就是工资明细表，包括员工的基本工资、工龄工资、绩效工资、补助津贴、加班工资以及全勤奖等。当然，还要扣除个人需要承担的社保公积金部分、个人所得税以及迟到或请假等造成的扣款。

明细表主要分为个人信息、工资奖金所得以及扣款项三大类，然后把具体款项填充到大框架下，最后填充实发工资，一张工资明细表的模板框架就算完成了。

工号	部门	姓名	工资奖金							扣除款项				实发工资
			基本工资	工龄工资	绩效工资	补助津贴	加班工资	全勤奖	合计	个人所得税	社保公积金代扣	考勤罚款	合计	
BF001	编辑1部	李 X												
BF027	编辑1部	刘 X 伟												
BF029	发行部	陈 X 利												
BF040	发行部	赵 X 远												
BF045	行政部	邓 X 茹												
BF046	行政部	刘 X 寒												
BF049	行政部	高 X 丽												
BF050	人事部	王 X												
BF057	人事部	刘 X												
BF073	人事部	李 X 晨												
BF077	人事部	李 X 丽												
BF085	财务部	程 X												
BF094	财务部	何 X 赛												
BF095	编辑2部	陈 X 波												
BF096	编辑2部	刘 X 诗												
BF097	编辑2部	赵 X 伟												
BF098	编辑2部	马 X 东												
BF101	市场部	刘 X												
BF115	市场部	赫 X 娜												
BF123	编辑3部	陈 X												
BF174	编辑3部	何 X												

图 454 单月工资明细表

完成大框架之后，紧接着要把需要的公式运算填入模板，这样当数据填充后就可以自动计算，进行数据更新。选择工资奖金下的合计整列空白单元格，输入求和函数"=SUM(D4:I4)"，按【Ctrl】加回车键填充整列公式格式。

图 455 计算工资总数

之后，再设定扣除款项下的合计，输入"=SUM(K4:M4)"，对所有扣除款项进行汇总，按【Ctrl】加回车组合键，完成整列格式公式填充。

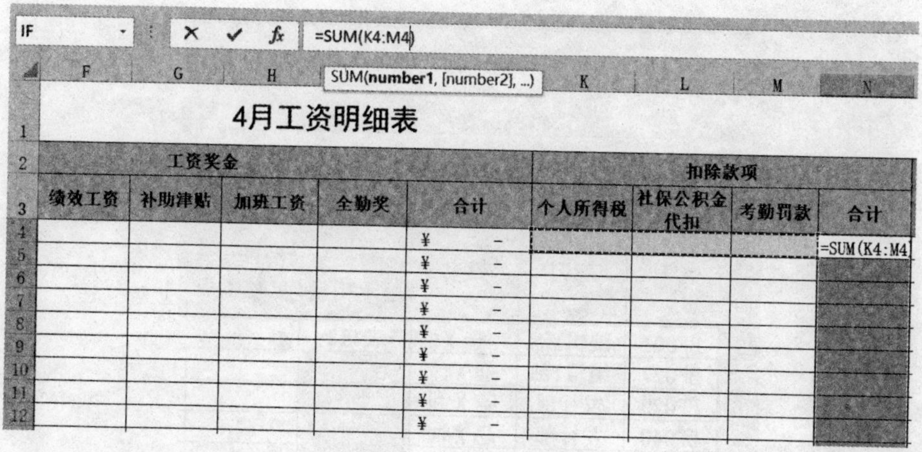

图 456 计算扣款数额

实发工资项需要工资奖金合计减去扣除款项合计，因此，选择实发工资下的整列空白单元格，输入"=J4-N4"，按【Ctrl】加回车组合键完成最终填充。之后，将所有款项单元格的数字格式设置为会计专用，模板就算完成了。

图 457 设置实发工资公式

2. 工资明细表数据快速填充

模板制作完成后，最终核算员工工资的时候，可以通过各类工资表信息的引用完成快速填充。

选定基本工资表头下的整列空白单元格，输入"=基本工资表!I3"，按【Ctrl】加回车组合键完成基本工资的数据导入。

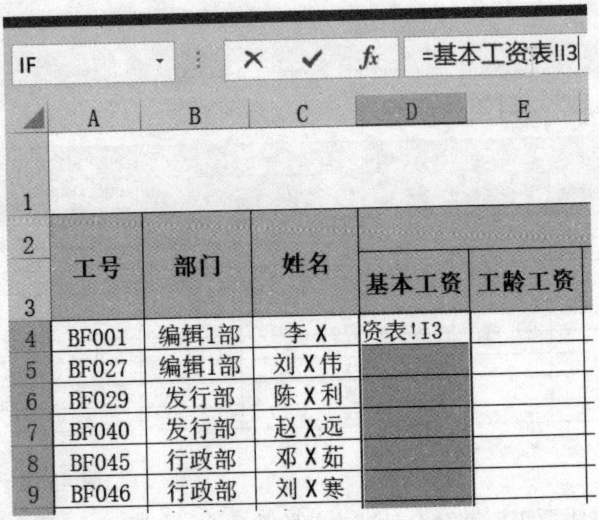

图 458 引用数据

选择工龄工资表头下的第一单元格，输入"= 基本工资表 !H3"，按回车键，再下拉填充公式，导入当月工龄工资数据。

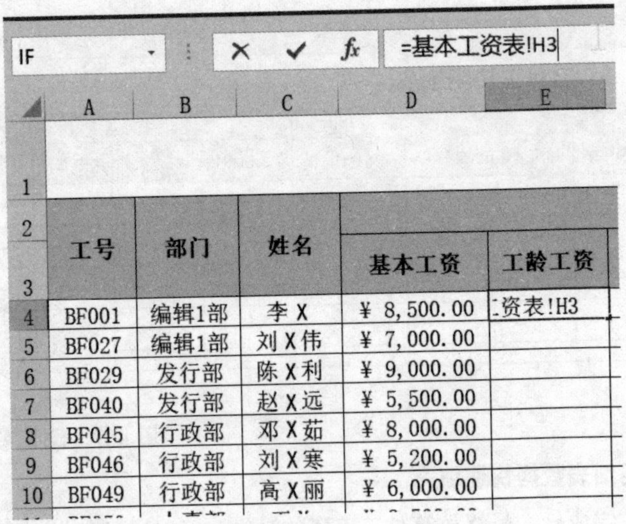

图 459 引用数据

打开绩效工资表，在工资明细表绩效工资表头下的空白单元格输入"= 绩效工资表 !I5"，按回车键，下拉填充整列绩效工资数据。

	A	B	C	D	E	F
IF					fx	=绩效工资表!I5

	工号	部门	姓名	基本工资	工龄工资	绩效工资
4	BF001	编辑1部	李 X	¥ 8,500.00	¥ 600.00	资表!I5
5	BF027	编辑1部	刘 X 伟	¥ 7,000.00	¥ 100.00	
6	BF029	发行部	陈 X 利	¥ 9,000.00	¥ 200.00	
7	BF040	发行部	赵 X 远	¥ 5,500.00	¥ –	
8	BF045	行政部	邓 X 茹	¥ 8,000.00	¥ –	
9	BF046	行政部	刘 X 寒	¥ 5,200.00	¥ –	
10	BF049	行政部	高 X 丽	¥ 6,000.00	¥ –	
11	BF050	人事部	王 X	¥ 8,500.00	¥ 400.00	
12	BF057	人事部	刘 X	¥ 5,000.00	¥ 100.00	

图 460 引用数据

按同样的方式再次引入补助津贴数据，在对应的单元格中输入"= 补助津贴表 !G5"，按【Ctrl】加回车键导入对应数据。

	工号	部门	姓名	基本工资	工龄工资	绩效工资	补助津贴
4	BF001	编辑1部	李 X	¥ 8,500.00	¥ 600.00	¥ 2,800.00	助津贴表!G4
5	BF027	编辑1部	刘 X 伟	¥ 7,000.00	¥ 100.00	¥ 1,200.00	
6	BF029	发行部	陈 X 利	¥ 9,000.00	¥ 200.00	¥ 7,100.00	
7	BF040	发行部	赵 X 远	¥ 5,500.00	¥ –	¥ –	
8	BF045	行政部	邓 X 茹	¥ 8,000.00	¥ –	¥ 800.00	
9	BF046	行政部	刘 X 寒	¥ 5,200.00	¥ –	¥ 800.00	
10	BF049	行政部	高 X 丽	¥ 6,000.00	¥ –	¥ 800.00	
11	BF050	人事部	王 X	¥ 8,500.00	¥ 400.00	¥ 800.00	

图 461 引用数据

选择加班工资下的整列空白单元格，输入"= 加班工资表 !H5"，按【Ctrl】加回车组合键导入对应的加班工资数据。

265

IF ▼ × ✓ fx =加班工资表!H5

4月工资明细表

工号	部门	姓名	工资奖金						合计
			基本工资	工龄工资	绩效工资	补助津贴	加班工资	全勤奖	
BF001	编辑1部	李X	¥ 8,500.00	¥ 600.00	¥ 2,800.00	¥ 650.00	=工资表!H5		¥ 12,550.00
BF027	编辑1部	刘X伟	¥ 7,000.00	¥ 100.00	¥ 1,200.00	¥ 650.00			¥ 8,950.00
BF029	发行部	陈X利	¥ 9,000.00	¥ 200.00	¥ 7,100.00	¥ 650.00			¥ 16,950.00
BF040	发行部	赵X远	¥ 5,500.00	¥ —	¥ —	¥ 650.00			¥ 6,150.00
BF045	行政部	邓X茹	¥ 8,000.00	¥ —	800.00	¥ 650.00			¥ 9,450.00
BF046	行政部	刘X寒	¥ 5,200.00	¥ —	800.00	¥ 650.00			¥ 6,650.00
BF049	行政部	高X丽	¥ 6,000.00	¥ —	800.00	¥ 650.00			¥ 7,450.00
BF050	人事部	王X	¥ 8,500.00	¥ 400.00	800.00	¥ 650.00			¥ 10,350.00
BF057	人事部	刘X	¥ 5,000.00	¥ 100.00	800.00	¥ 650.00			¥ 6,550.00
BF073	人事部	李X晨	¥ 5,000.00	¥ —	800.00	¥ 650.00			¥ 6,450.00
BF077	人事部	李X丽	¥ 5,000.00	¥ —	800.00	¥ 650.00			¥ 10,950.00
BF085	财务部	程X	¥ 9,500.00	¥ —	800.00	¥ 650.00			¥ 6,950.00
BF094	财务部	何X赛	¥ 5,200.00	¥ 300.00	800.00	¥ 650.00			¥ 7,450.00
BF095	编辑2部	陈海波	¥ 6,700.00	¥ 100.00		¥ 650.00			

图 462　引用数据

　　选择全勤奖下的整列空白单元格，输入 "=考勤工资表!L5"，按【Ctrl】加回车组合键导入对应的加班工资数据。可以清楚地看到，每当导入一列新的数据，工资奖金的合计都会自动更新，这就是设置模板的价值。

I4 ▼ × ✓ fx =考勤工资表!L5

4月工资明细表

工号	部门	姓名	工资奖金						合计
			基本工资	工龄工资	绩效工资	补助津贴	加班工资	全勤奖	
BF001	编辑1部	李X	¥ 8,500.00	¥ 600.00	¥ 2,800.00	¥ 650.00	¥ 1,022.73		¥ 13,572.73
BF027	编辑1部	刘X伟	¥ 7,000.00	¥ 100.00	¥ 1,200.00	¥ 650.00	150.00		¥ 9,100.00
BF029	发行部	陈X利	¥ 9,000.00	¥ 200.00	¥ 7,100.00	¥ 650.00	818.18		¥ 17,768.18
BF040	发行部	赵X远	¥ 5,500.00	¥ —	¥ —	¥ 650.00	¥ —	¥200.00	¥ 6,450.00
BF045	行政部	邓X茹	¥ 8,000.00	¥ —	800.00	¥ 650.00	¥ 500.00	¥300.00	¥ 10,250.00
BF046	行政部	刘X寒	¥ 5,200.00	¥ —	800.00	¥ 650.00	¥ 100.00	¥300.00	¥ 7,050.00
BF049	行政部	高X丽	¥ 6,000.00	¥ —	800.00	¥ 650.00	¥ 400.00		¥ 7,850.00
BF050	人事部	王X	¥ 8,500.00	¥ 400.00	800.00	¥ 650.00	¥ 1,895.45	¥300.00	¥ 12,545.45
BF057	人事部	刘X	¥ 5,000.00	¥ 100.00	800.00	¥ 650.00	¥ 500.00	¥300.00	¥ 7,350.00
BF073	人事部	李X晨	¥ 5,000.00	¥ —	800.00	¥ 650.00	¥ 100.00		¥ 6,550.00
BF077	人事部	李X丽	¥ 5,000.00	¥ —	800.00	¥ 650.00	704.55	¥300.00	¥ 7,454.55
BF085	财务部	程X	¥ 9,500.00	¥ —	800.00	¥ 650.00	¥ 1,213.64		¥ 12,163.64
BF094	财务部	何X赛	¥ 5,200.00	¥ 300.00	800.00	¥ 650.00	¥ 100.00	¥300.00	¥ 7,350.00
BF095	编辑2部	陈X波	¥ 6,700.00	¥ 100.00	¥ —	¥ 650.00	¥ —		¥ 7,450.00
BF096	编辑2部	刘X诗	¥ 7,500.00	¥ —	¥ —	¥ 650.00	831.82		¥ 8,981.82
BF097	编辑2部	赵X伟	¥ 8,600.00	¥ 500.00		¥ 650.00	981.82	¥300.00	¥ 10,731.82
BF098	编辑2部	马X东	¥ 7,500.00	¥ 300.00	¥ 1,190.00	¥ 650.00	981.82		¥ 10,921.82

图 463　结果自动生成

　　完成应得工资的数据后，要录入扣除款项的数据。个人所得税最终需要社保公积金的数据，所以先空出个人所得税整列，选择社保公积金代扣下的整列单元格，输入"= 社保公积金代扣 !I4"，按【Ctrl】加回车组合键完成数据导入。

| `=社保公积金代扣!I4` |

4月工资明细表

		工资奖金					扣除素
工龄工资	绩效工资	补助津贴	加班工资	全勤奖	合计	个人所得税	社保公积金代扣
¥ 600.00	¥ 2,800.00	¥ 650.00	¥ 1,022.73		¥ 13,572.73		¥ 1,890.00
¥ 100.00	¥ 1,200.00	¥ 650.00	¥ 150.00		¥ 9,100.00		¥ 1,557.00
¥ 200.00	¥ 7,100.00	¥ 650.00	¥ 818.18		¥ 17,768.18		¥ 2,001.00
¥ —	¥ —	¥ 650.00	¥ —	¥300.00	¥ 6,450.00		¥ 1,224.00
¥ —	¥ 800.00	¥ 650.00	¥ 500.00	¥300.00	¥ 10,250.00		¥ 1,779.00
¥ —	¥ 800.00	¥ 650.00	¥ 100.00	¥300.00	¥ 7,050.00		¥ 1,157.40
¥ 400.00	¥ 800.00	¥ 650.00	¥ 400.00		¥ 7,850.00		¥ 1,335.00
¥ 100.00	¥ 800.00	¥ 650.00	¥ 1,895.45	¥300.00	¥ 12,545.45		¥ 1,890.00
¥ —	¥ 800.00	¥ 650.00	¥ 500.00	¥300.00	¥ 7,350.00		¥ 1,113.00
¥ —	¥ 800.00	¥ 650.00	¥ 100.00		¥ 6,550.00		¥ 1,113.00
¥ —	¥ 800.00	¥ 650.00	¥ 704.55	¥300.00	¥ 7,454.55		¥ 1,113.00
¥ 300.00	¥ 800.00	¥ 650.00	¥ 1,213.64		¥ 12,163.64		¥ 2,112.00
¥ 100.00	¥ 800.00	¥ 650.00	¥ 100.00	¥300.00	¥ 7,350.00		¥ 1,157.40
¥ 100.00	¥ —	¥ 650.00	¥ —		¥ 7,450.00		¥ 1,490.40
¥ —	¥ —	¥ 650.00	¥ 831.82		¥ 8,981.82		¥ 1,668.00

图 464   引用数据

之后，新建一个新的工作表，用来计算员工的个人所得税数据。先将员工基本信息按照工资明细表的顺序导入表格，对基本数据表头进行填充，个人所得税的缴费金额通过应缴基数乘以对应的税率减去速算扣除数得到，所以要填充这几项。

个人所得税统计表

工号	部门	姓名	应缴基数	税率	速算扣除数	应缴金额
BF001	编辑1部	李 X				
BF027	编辑1部	刘 X 伟				
BF029	发行部	陈 X 利				
BF040	发行部	赵 X 远				
BF045	行政部	邓 X 茹				
BF046	行政部	刘 X 寒				
BF049	行政部	高 X 丽				
BF050	人事部	王 X				
BF057	人事部	刘 X				
BF073	人事部	李 X 晨				
BF077	人事部	李 X 丽				
BF085	财务部	程 X				
BF094	财务部	何 X 赛				
BF095	编辑2部	陈 X 波				
BF096	编辑2部	刘 X 诗				
BF097	编辑2部	赵 X 伟				
BF098	编辑2部	马 X 东				

图 465   个人所得税统计表

应缴个人所得税的基数是所有工资所得减去个人缴纳的社保公积金后减去缴费最低基准，现在征收个人所得税的最低基准是 5000 元，也就是说，如果个人所得在 5000 元之下是不需要缴纳个人所得税的，只有高出的部分才需要缴纳。需要缴纳个税的税率根据个人所得而不同。

根据上述内容，选定应缴基数表头下的整列单元格，输入"=MAX(IF(工资明细表 !J4>5000, 工资明细表 !J4– 工资明细表 !L4–5000,0),0)"。其中，(IF(工资明细表 !J4>5000, 工资明细表 !J4– 工资明细表 !L4–5000,0) 是计算公式，也就是员工工资标准在 5000 元以上的部分减去个人承担社保部分的计算，不过这个运算还不完整，如果高出 5000 元的部分不足 5000 元，减去基数就可能得到负数，所以用 MAX( ) 函数去掉负数显示，这个运算就完整了。最后，点击【Ctrl】加回车键，完成应缴基数的数据填充。

IF			fx	=MAX(IF(工资明细表!J4>5000,工资明细表!J4-工资明细表!L4-5000,0),0)

	A	B	C	D	E	F	G	H	I	J
1			**个人所得税统计表**							
2	工号	部门	姓名	应缴基数	税率	速算扣除数	应缴金额			
3	BF001	编辑1部	李 X	000),0)						
4	BF027	编辑1部	刘 X 伟							
5	BF029	发行部	陈 X 利							
6	BF040	发行部	赵 X 远							
7	BF045	行政部	邓 X 茹							
8	BF046	行政部	刘 X 寒							
9	BF049	行政部	高 X 丽							
10	BF050	人事部	王 X							
11	BF057	人事部	刘 X							
12	BF073	人事部	李 X 晨							

图 466 使用 MAX 函数

国家规定的个税共有 7 个级别标准，速算扣除数是根据不同税率固定的几个数额。为了便于运算以及观察，要将 7 级超额累进税率写到个人所得税统计表的备注中。国家给出的标准是按照年收入来算的，按月算的话，将数据除以 12 就可以了。按照要求，将不同的税率标准和速算扣除数填写进去，如下图所示。

个人所得税统计表

工号	部门	姓名	应缴基数	税率	速算扣除数	应缴金额
BF097	编辑2部	赵 X 伟	¥ 3,819.62			
BF098	编辑2部	马 X 东	¥ 4,253.82			
BF101	市场部	刘 X	¥ 2,810.00			
BF115	市场部	赫 X 娜	¥ 5,707.18			
BF123	编辑3部	陈 X	¥ 3,112.00			
BF174	编辑3部	何 X	¥ 2,249.00			
BF221	编辑3部	钱 X 爱	¥ 1,643.00			
BF234	编辑3部	孙 X 菲	¥ 1,356.00			
BF245	编辑3部	周 X	¥ 2,030.00			
BF276	编辑3部	吴 X 丽	¥ 4,133.00			

注：
1. 应缴基数低于3000元的部分，税率为3%，速算扣除数为0（元）
2. 应缴基数在3000—12000元的部分，税率为10%，速算扣除数为210（元）
3. 应缴基数在12000—25000元的部分，税率为20%，速算扣除数为1410（元）
4. 应缴基数在25000—35000元的部分，税率为25%，速算扣除数为2660（元）
5. 应缴基数在35000—55000元的部分，税率为30%，速算扣除数为4410（元）
6. 应缴基数在55000—80000元的部分，税率为35%，速算扣除数为7160（元）
7. 应缴基数高于80000元的部分，税率为45%，速算扣除数为15160（元）

图 467 填写税率标准

按照月份算出基数标准，选中税率下的整列单元格，在英文输入法状态下输入 "=IF(D3<=3000,0.03,IF(D3<=12000,0.1,IF(D3<=25000,0.2,IF(D3<=35000,0.25,IF(D3<=55000,0.3,IF(D3<=80000,0.35,0.45))))))"。这个函数表示参考的应缴基数单元格位置中数据在不同的范围内对应的不同税率，点击【Ctrl】加回车组合键完成税率录入。

图 468 计算税率

在速算扣除数表头下选中整列空白单元格，在英文输入法状态下输入"=VL OOKUP(E3,{0.03,0;0.1,210;0.2,1410;0.25,2660;0.3,4410;0.35,7160;0.45,15160},2)"，即参考的税率单元格，不同的税率对应不同的数额，最后点击【Ctrl】加回车键完成速算扣除数的数据填充。

图 469　使用 VLOOKUP 函数计算速算扣除数

为了看上去更直观，将税率一列的数字显示方式设定成百分比，之后选定应缴金额下的所有空白单元格，输入"=D3*E3−F3"。

图 470　计算个人所得税应缴金额

按【Ctrl】加回车键，就能得出每个员工当月应扣除的个人所得税数额。

个人所得税统计表

工号	部门	姓名	应缴基数	税率	速算扣除数	应缴金额
BF001	编辑1部	李X	¥ 6,682.73	10%	¥ 210.00	¥ 458.27
BF027	编辑1部	刘X伟	¥ 2,543.00	3%	¥ —	¥ 76.29
BF029	发行部	陈X利	¥10,767.18	10%	¥ 210.00	¥ 866.72
BF040	发行部	赵X远	¥ 226.00	3%	¥ —	¥ 6.78
BF045	行政部	邓X茹	¥ 3,471.00	10%	¥ 210.00	¥ 137.10
BF046	行政部	刘X寒	¥ 892.60	3%	¥ —	¥ 26.78
BF049	行政部	高X丽	¥ 1,515.00	3%	¥ —	¥ 45.45
BF050	人事部	王X	¥ 5,655.45	10%	¥ 210.00	¥ 355.55
BF057	人事部	刘X	¥ 1,237.00	3%	¥ —	¥ 37.11
BF073	人事部	李X晨	¥ 437.00	3%	¥ —	¥ 13.11
BF077	人事部	李X丽	¥ 1,341.55	3%	¥ —	¥ 40.25
BF085	财务部	程X	¥ 5,051.64	10%	¥ 210.00	¥ 295.16
BF094	财务部	何X赛	¥ 1,192.60	3%	¥ —	¥ 35.78
BF095	编辑2部	陈X波	¥ 959.60	3%	¥ —	¥ 28.79
BF096	编辑2部	刘X诗	¥ 2,313.82	3%	¥ —	¥ 69.41
BF097	编辑2部	赵X伟	¥ 3,819.62	10%	¥ 210.00	¥ 171.96
BF098	编辑2部	马X东	¥ 4,253.82	10%	¥ 210.00	¥ 215.38

图 471 得出最终结果

完成个人所得税的计算，再次回到工资明细表，选定个人所得税表头下的整列空白单元格，输入"= 个人所得税统计表 !G3"，按【Ctrl】加回车键导入个人所得税的数据。

`=个人所得税统计表!G3`

E	F	G	H	I	J	K

4月工资明细表

	工资奖金					
工龄工资	绩效工资	补助津贴	加班工资	全勤奖	合计	个人所得税
¥ 600.00	¥ 2,800.00	¥ 650.00	¥ 1,022.73		¥ 13,572.73	宽计表!G3
¥ 100.00	¥ 1,200.00	¥ 650.00	¥ 150.00		¥ 9,100.00	
¥ 200.00	¥ 7,100.00	¥ 650.00	¥ 818.18		¥ 17,768.18	
¥ —	¥ —	¥ 650.00	¥ —	¥300.00	¥ 6,450.00	
	¥ 800.00	¥ 650.00	¥ 500.00	¥300.00	¥ 10,250.00	
¥ —	¥ 800.00	¥ 650.00	¥ 100.00	¥300.00	¥ 7,050.00	
	¥ 800.00	¥ 650.00	¥ 400.00		¥ 7,850.00	
¥ 400.00	¥ 800.00	¥ 650.00	¥ 1,895.45	¥300.00	¥ 12,545.45	
¥ 100.00	¥ 800.00	¥ 650.00	¥ 500.00	¥300.00	¥ 7,350.00	
¥ —	¥ 800.00	¥ 650.00	¥ 100.00		¥ 6,550.00	

图 472 引入个人所得税数据

最后，在考勤罚款表头下选择整列单元格，输入"=考勤工资表!K5"导入最后的数据，按【Ctrl】加回车键。在最后数据导入的同时，实发工资也因模板设置而完成数据的自动更新，一张工资明细表就完成了。

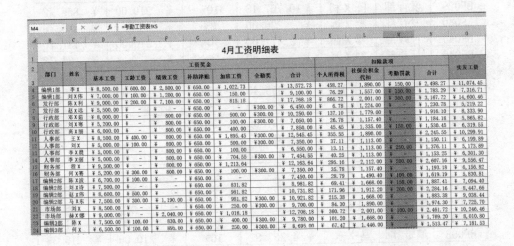

图 473　自动生成工资结果

工资条打印

工资条制作好后，HR 需要对其进行打印，交由财务部、主管审核签字，完成最终工资发放。打开之前制作的工资明细表，选择部门下的整列单元格，打开数据工具栏，点击升序。

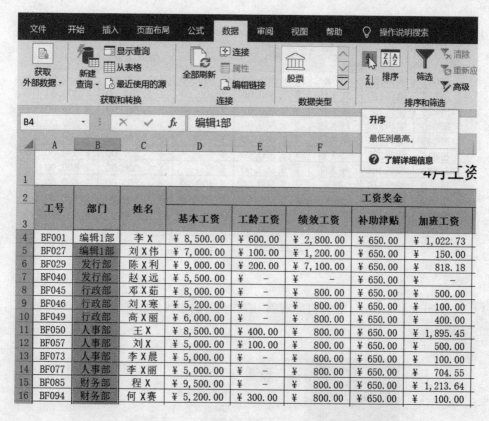

图 474 按部门排序

在弹出的对话框中勾选"以当前选定区域排序"，点击排序。

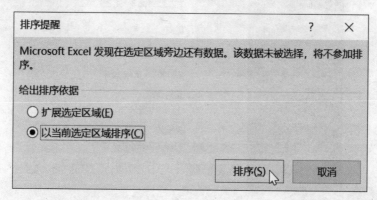

图 475 设置排序区域

这样各部门员工就以部门形式进行汇总，便于最终审核方便，以及后续可能
会有部门数据的比对分析。

工号	部门	姓名	工资奖金			
			基本工资	工龄工资	绩效工资	补助津贴
BF001	编辑1部	李 X	￥ 8,500.00	￥ 600.00	￥ 2,800.00	￥ 650.00
BF027	编辑1部	刘 X 伟	￥ 7,000.00	￥ 100.00	￥ 1,200.00	￥ 650.00
BF029	编辑2部	陈 X 利	￥ 9,000.00	￥ 200.00	￥ 7,100.00	￥ 650.00
BF040	编辑2部	赵 X 远	￥ 5,500.00	￥ －	￥ －	￥ 650.00
BF045	编辑2部	邓 X 茹	￥ 8,000.00	￥ －	￥ 800.00	￥ 650.00
BF046	编辑2部	刘 X 寒	￥ 5,200.00	￥ －	￥ 800.00	￥ 650.00
BF049	编辑3部	高 X 丽	￥ 6,000.00	￥ －	￥ 800.00	￥ 650.00
BF050	编辑3部	王 X	￥ 8,500.00	￥ 400.00	￥ 800.00	￥ 650.00
BF057	编辑3部	刘 X	￥ 5,000.00	￥ 100.00	￥ 800.00	￥ 650.00
BF073	编辑3部	李 X 晨	￥ 5,000.00	￥ －	￥ 800.00	￥ 650.00
BF077	编辑3部	李 X 丽	￥ 5,000.00	￥ －	￥ 800.00	￥ 650.00
BF085	编辑3部	程 X	￥ 9,500.00	￥ －	￥ 800.00	￥ 650.00

图 476　结果展示

打开文件工具栏，选择打印选项，在设置一栏中找到右下角的页面设置选项，点击选择。

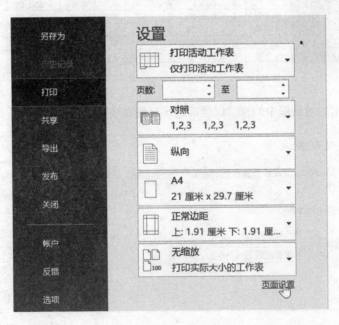

图 477　选择打印设置

在弹出的对话框中，页面选择为横向。

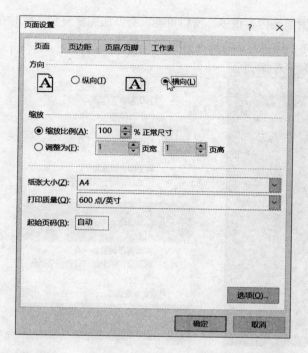

图 478 打印页面设置

页边距标签下在居中方式中勾选水平和垂直，设置完成后点击确定。

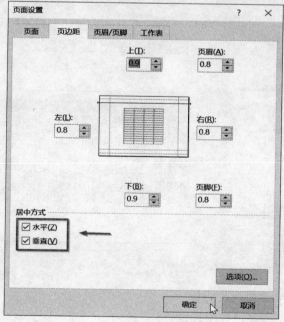

图 479 勾选格式条件

因为工资明细表内容很多，所以可能没有办法完整显示，此时在设置下点出无缩放下拉菜单，选择将所有列调整为一页。

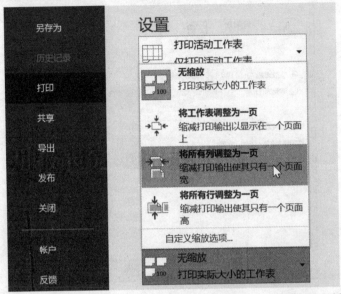

图 480　调整打印条件

最终，可以通过预览看到打印出来的样子，没有问题直接点击打印就可以了。

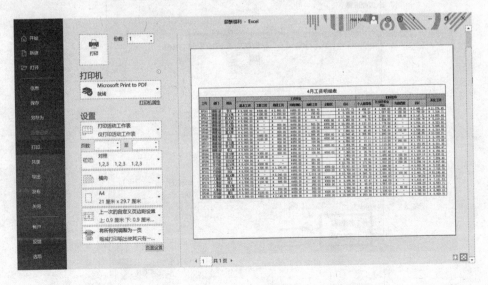

图 481　打印结果预览

第七章
套用 Excel，用报表完善管理体系

每个企业都有自己的人事管理体系。因为工作繁杂以及事务众多，HR面对各种流程事务，最好的解决办法就是制作各类图表模板，建立完善的管理体系。本章将汇总员工填写的各种常见申请表模板。

01. 常用各类申请表

行程类申请单

1. 休假申请单及医疗费用报销单

在企业中，员工休假不能仅仅通过口头申请，需要书面申请，最后交由人力资源部留存，后续在制作考勤的时候作为凭证。下图是常见的休假申请单模板，主要包括申请员工的基本信息、休假类型和各层相关负责人的签字同意及部分内容。

<table>
<tr><td colspan="8" align="center">**休假申请单**</td></tr>
<tr><td>申请人</td><td></td><td>部门</td><td></td><td>职位</td><td></td><td>天数</td><td></td></tr>
<tr><td colspan="2">休假起止时间</td><td colspan="4">年　月　日至　年　月　日</td><td colspan="2">年假剩余　　天</td></tr>
<tr><td>休假
类型</td><td colspan="7">☐ 带薪年假　　☐ 事假　　☐ 病假　　☐ 调休</td></tr>
<tr><td colspan="8" align="center">审批</td></tr>
<tr><td>小组负责人</td><td colspan="2">部门主管</td><td colspan="2">副总经理</td><td colspan="3">总经理</td></tr>
<tr><td colspan="8" height="80"></td></tr>
<tr><td>备注</td><td colspan="7"></td></tr>
<tr><td colspan="8">说明：
本申请单一式两份，一份人力资源部留存，一份审批后返还员工。</td></tr>
</table>

图 482　休假申请单

2. 医疗费用报销申请

有时员工因工作原因住院或者治疗，除了工伤保险申请赔付外，企业也会承担一部分费用，因此 HR 要为员工提供医疗费报销申请表模板。下图是一张比较常见的模板，涉及费用的，除了总额外，各项明细要标注清晰，在金额相关的单元格中预先填好"￥"符号，这样表格中相应的金额内容会表现得更加明了。

医疗费用报销申请单

姓名		部门		职位		身份证号		
医疗机构				住院与否		□ 是		□ 否
入院时间			住院原因说明					
出院时间								

费用说明栏

费用类别	单据数量	金额	费用类别	单据数量	金额		
挂号费		¥	药费		¥	合计总额	¥
住院费		¥	手术费		¥		
检查费		¥	治疗费		¥		
急救费用		¥	其他		¥		

审核意见	人力资源部意见： 负责人： 年 月 日
	财务部意见： 负责人： 年 月 日
	总经理意见： 负责人： 年 月 日

图 483　医疗费用报销单

3. 出差申请表

工作中，员工可能因为一些原因要出差，和请假一样，出差会涉及考勤变动以及花销，所以有出差计划时，就需要填写出差申请表，在部门主管以及公司管理层审核后，决定此次出差是否必要。通过审核后，出差计划才能顺利进行。

下图是一张出差申请表，需要填写的大致内容如下。

出差申请表

				申请日期：	
姓名		部门		职位	
出差时间	月 日至 月 日			共计 天	
差旅费预算	费用预算： 元		申请借支： 元		
出差路线及行程安排					
出差具体计划以及具体内容：					
部门主管审批					
人力资源部审批					
总经理审批	□ 同意　　□ 不同意　　签字：				

图 484　出差申请表

出差有时是一个部门或者几个员工的事，计划不能仅仅在心里明晰，还要展现在书面上，这样管理层才能掌握员工在异地的工作安排以及具体行程和工作内容，以便在出差结束后评定工作成果，以及为员工提供援助。

下图是一张行程计划安排表的模板。

行程计划安排表

出差人		出差地		申请日期		
出差周期	年 月 日至 年 月 日，共 天					

出差目标：

具体行程计划：

日期	行程	备注

具体工作准备：

需公司支持：

公司审批答复：

图 485　行程计划安排表

出差就会产生各种费用。这些异地产生的费用，属于公费，如食宿、交通费等。在企业层面，需要制订一个花费标准，避免不必要的浪费。因此，每项开销都需要细致记录，回到企业后提供对应数额的发票。下图是一张差旅费用报销单，可以看到实际费用一项，如果高于标准，就需要员工自理。因此，表格中会有开销方式一项，是公费、半公费半自费，要标注清楚。

差旅费报销单														
											填表日期:			
出差人						出差原因					开销方式			
行程安排						交通费			生活补助费			住宿费	其他	
月	日	起点	月	日	终点	机票	火车票	汽车票	天数	标准	实际费用		说明	金额
						¥	¥	¥		¥	¥	¥		¥
						¥	¥	¥		¥	¥	¥		¥
						¥	¥	¥		¥	¥	¥		¥
						¥	¥	¥		¥	¥	¥		¥
						¥	¥	¥		¥	¥	¥		¥
						¥	¥	¥		¥	¥	¥		¥
						¥	¥	¥		¥	¥	¥		¥
						¥	¥	¥		¥	¥	¥		¥
小计						¥	¥	¥	¥			¥	¥	
合计						¥				大写				

图 486 差旅费报销单

报销通常是在出差结束后进行，另一种方式是提前预支，同样需要申请表。不过，这张表格就比较简单，只要大致说出出差的计划以及大概的金额就可以。出差结束后，根据实际花销的发票再申请额外的报销或者交还没有用完的预算。

差旅费预支申请表					
姓名		部门		计划出行交通工具	
计划出差日期		月　日至　月　日，共计　天			
出差计划说明					
预支金额	人民币（大写）	元整			
申请人签名		主管		经办人	

图 487 差旅费预支申请表

社保申领

1. 社保登记申报表

社保缴纳是 HR 常常接触的工作。员工入职时，他的社保公积金缴纳就要从原公司迁至新公司。对于没有缴纳社保的员工，需要让其登记后申报。下图是一张个人社会保险登记表的模板。

在模板中，可以看到一些需要添加选项的内容，如户籍一栏。如果是打印版本，可以通过插入方框符号手动勾选。如果直接在电脑上操作，想要直接点击方框进行勾选，就需要进行一些特别的操作。

个人社会保险登记表

姓名		身份证号		
户籍		本市_____(城镇/非城镇)户籍		
		外地_____(城镇/非城镇)户籍		
文化程度		政治面貌		
联系方式		邮编		
联系地址				
个人序号 (单位填写)		缴费起始 时间		缴费 基数
参加社会城镇保险		一般人员首次缴费		
参加小城镇社会保险		征地人员首次缴费		
个人独立缴费人员填写				
缴纳形式		个体工商户 　费全日制从业人员 　个人差额缴费		
		自由职业者 　其他_____		
缴费银行卡		中国银行 　　工商银行 　　建设银行		
		农业银行 　　招商银行 　　邮政储蓄		
个体工商户、自由职业者 医疗保险缴费比例		8% 　　　　　　14%		

图 488　个人社会保险登记表

完成上图的模板后，打开开始工具栏，找到"选项"，之后点击。

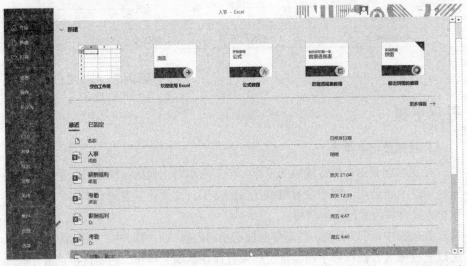

图 489　点击选项菜单

在弹出的 Excel 选项中，选择自定义功能区，勾选开发工具后，点击确定。

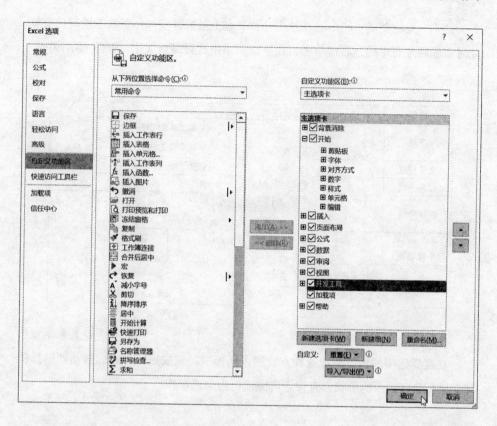

图 490 添加开发工具

　　回到主界面后，工具栏上会多出一个开发工具，打开开发工具一栏，点击插入，在下拉菜单中选择表单控件的对钩复选框。

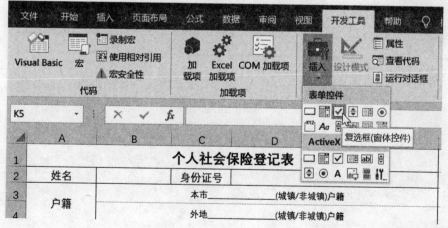

图 491 插入表单控件

之后，光标变成"+"，就像绘图一样，点击鼠标并拖动位置就能绘制出方框。此时方框后是有字的，右键单击，在下拉菜单中选择编辑文字，删除文字即可。

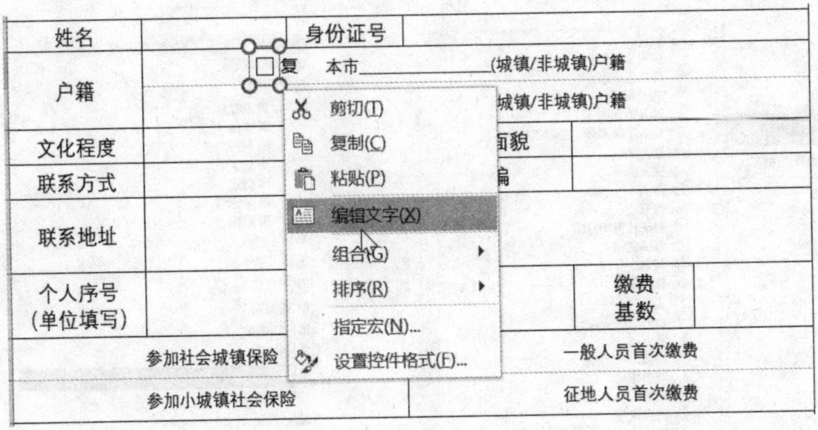

姓名		身份证号		
户籍		□ 复	本市＿＿＿＿＿(城镇/非城镇)户籍	
			＿＿(城镇/非城镇)户籍	
文化程度			面貌	
联系方式			编	
联系地址				
个人序号 (单位填写)				缴费 基数
参加社会城镇保险			一般人员首次缴费	
参加小城镇社会保险			征地人员首次缴费	

右键下拉菜单项：
- 剪切(T)
- 复制(C)
- 粘贴(P)
- 编辑文字(X)
- 组合(G)
- 排序(R)
- 指定宏(N)...
- 设置控件格式(F)...

图 492　设置表单控件

在需要选项的地方按照这种方式加入选择框，完成后，将鼠标移动到选择框时，鼠标会变成手的形状，直接点击完成框内勾选操作。

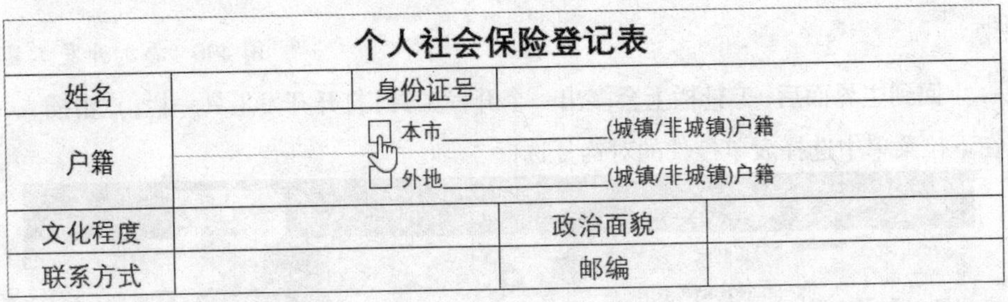

个人社会保险登记表

姓名		身份证号	
户籍		☑ 本市＿＿＿＿＿(城镇/非城镇)户籍	
		□ 外地＿＿＿＿＿(城镇/非城镇)户籍	
文化程度		政治面貌	
联系方式		邮编	

图 493　效果展示

个人社会保险登记表			
姓名		身份证号	
户籍	☑ 本市_____(城镇/非城镇)户籍		
	☐ 外地_____(城镇/非城镇)户籍		
文化程度		政治面貌	
联系方式		邮编	
联系地址			
个人序号 (单位填写)	缴费起始 时间		缴费 基数
☑ 参加社会城镇保险		☑ 一般人员首次缴费	
☐ 参加小城镇社会保险		☐ 征地人员首次缴费	
个人独立缴费人员填写			
缴纳形式	☐个体工商户　☐费全日制从业人员　☐个人差额缴费		
	☐自由职业者　☐其他_____		
缴费银行卡	☐ 中国银行　　☐ 工商银行　　☐ 建设银行		
	☐ 农业银行　　☐ 招商银行　　☐ 邮政储蓄		
个体工商户、自由职业者 医疗保险缴费比例	☐ 8%　　　☐ 14%		

图 494　最终表格

2. 社保公积金申领表

社保和公积金是生活中的一种福利保障，平时缴纳的社保、公积金在遇到问题的时候，可以进行申领。

下图是医疗费申报表的模板，个别模板会有一些差异，但主要项差不多，尤其是提供资料一栏，一定要标注清晰。

医疗费申报表			
申报单位:	姓名:	医保卡号:	
参保类型	□公务员补助　　□基本医疗保险　　□住院保险　　□特殊人群医疗		
人员状态	□在职	□退休	□其他＿＿＿
费用类型 (门诊/住院)			
发票数量			
总金额			
需提供资料: 　　1.医疗费用收费单据;　　2.费用;　　3.化验单　　4.门诊病历或出 　　5.医保卡或身份证复印件;　　6.转院介绍信回执;　　7.其他相关资料			
单位申报人:		联系电话:	
申报时间:		领取时间:	
注: 本表一式两份, 由单位申报人填写			

图 495　医疗费申报表

　　用的概率较大的除了医疗保险外就是生育保险。下面是生育保险申报表, HR 也需要掌握。

生育保险申报表

单位（盖章）：	单位养老保险代码：		单位医疗（生育）保险代码：		
	个人养老保险代码：		个人医疗（生育）保险代码：		
姓名		性别		身份证号	
就诊医院			医院级别		
生育类别	□正常产	□侧切	□剖宫产	□其他	第___胎
发生时间		医疗费总额		联系方式	
配偶工作单位		配偶姓名		身份证号	

　　　　　同志：

　　　　我是单位职工，并且符合第_____胎生育政策，特此证明。

　　　　　　　　　　　　　　　　　　计生经办人签字：
　　　　　　　　　　　　　　　　　　街道办事处盖章：
　　　　　　　　　　　　　　　　　　年　　月　　日

注：男职工配偶无工作单位和无固定收入请填写此栏（现居住地办事处盖章）

　　　　　同志：

　　　　是我社区居民，其按计划生育政策生育、无工作单位和固定收入，特此证明。

　　　　　　　　　　　　　　　　　　计生经办人签字：
　　　　　　　　　　　　　　　　　　街道办事处盖章：
　　　　　　　　　　　　　　　　　　年　　月　　日

审批意见	
	经办人：　　　　负责人： 年　　月　　日

填表说明：
1．申报表一式两份，财务、生育保险各一份；
2．申领生育待遇申报资料：医院收据、诊断书、费用明细、婴儿出生证和结婚证原件及复印件，二胎另提供准生证原件及复印件，如异地生育需提供病历复印件；
3．由企业生育保险经办人统一办理。

图 496　生育保险申报表

　　住房公积金的提取也需要申请，下图是住房公积金的提取申请表。需要注意的是，身份证复印件一栏的大小要设置好，因为需要粘贴身份证复印件。

住房公积金提取申请表

提取人姓名		性别		身份证号码	
工作单位				个人住房 公积金序号	
购/建房 金额				个人住房公积 金账存金额	
提取 原因	使用：	□全款购房	□购房还款	□自建住房	□其他	房屋面积_____平方米
	销户：	□离休	□死亡	□调离本市	□离职两年未再就业	□其他

职工个人签名：

身份证复印件	工作单位签署意见（盖章）：

图 497　住房公积金提取申请表

02. 员工职位变动办理

企业内职务变动相关报表

1. 调职申请书

企业内部人员流动很正常，除了离职外，还有可能升迁或降职。对于调职，需要提前写一张申请书。不过，调职申请没有特别要求，基本确认后就可以填写，大致内容各不相同，只要包含员工的姓名、原职位以及部门、要调任的职位部门以及调任原因、时间内容就可以了。

调职申请书

申请调职岗位		调职人员姓名	
调职日期		调至部门	
调 职 理 由			
部 门 主 管 评 价		人 事 部 门 意 见	

图 498　调职申请书

如果需要对调任理由加以说明，选择需要指向的单元格，在审阅工具栏中选择新建批注即可。

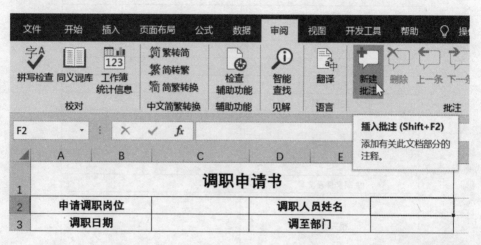

图 499　插入批注

选择完成后，批注框就会直接出现在选定单元格的边上，通过批注框周围的小方块调整大小，也可通过拖动批注框调整位置，输入需要的内容。而且，批注并不影响美观，选择任何一个单元格，批注都会自动消失，只有选定有批注的单元格，它才会显示。

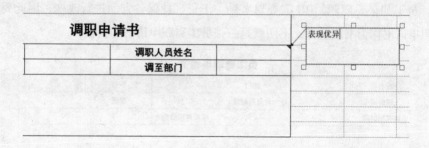

图 500　编辑批注

2.职务免除通知书

有时企业内部有员工犯了比较重大的错误，对企业造成不良影响，就不能仅仅是让员工离职了，而需要走辞退流程，需要用职务免除通知书进行批评通报。职务免除通知书比较简单，只要写明辞退人的基本信息以及辞退原因和生效时间就可以了。

职务免除通知书			
姓名		工号	
职位			
级别			
部门			
免除职务			
免除日期			
办理事项			
免职文件及文号			
相关说明			

图 501　职务免除通知书

员工离职办理

1. 离职申请

员工如果要离职，HR 需要对考勤、工资、社保各方面进行改变，因此要有离职申请书作为书面凭证。下图就是一张员工离职申请书的模板。

员工离职申请书					
姓名		部门		职位	
入职时间		合同到期日		学历	
申请离职时间			核准离职日期		
离职原因					
部门审批	部门经理		签字		
	人事部经理		签字		
	总经理审批		签字		

图 502　员工离职申请书

2. 离职交接

离职申请通过后，员工在离职前必须和企业相关人员做好交接，避免后续出现遗留问题。除了将工作交与相应的人员外，还包括在企业中的其他事务，这就需要一张清算单来安排，免于出现问题，即使出现问题也可追溯源头。

下图是一张离职清算单，格式不是固定的，可以根据企业实际情况进行调整，如加上附件、工作交接内容。

离职清算单					
姓名	部门	工号	职务	入职时间	备注
事由	□合同到期 □辞职 □自退 □开除 经理签字: 日期:				
财务部	□欠款清理 □财务清算 负责人签字: 日期:				
办公室	□通讯设备 负责人签字: 日期:				
劳资部	□合同解除 □保险手续 □工资发放 负责人签字: 日期:				
人事部	□员工手册 □档案调出 负责人签字: 日期:				
所属部门	□借阅图书 □文件资料 □办公用品 负责人签字: 日期:				
离职员工	本人已经确认上述交接手续全部完成，从此解除本人与______公司的劳动服务关系。 签字: ______ 日期: ______				

图 503　离职清算单